3
1971

Faserforschung und Textiltechnik

WISSENSCHAFTLICH-TECHNISCHE ZEITSCHRIFT
FÜR DIE CHEMIEFASER- UND TEXTILINDUSTRIE

BEGRUNDET VON
ERICH CORRENS UND WALTER FRENZEL

HERAUSGEGEBEN VON ERICH CORRENS
WOLFGANG BOBETH – HANS BÖHRINGER – HERMANN KLARE
BURKART PHILIPP – CHRISTIAN RUSCHER
SCHRIFTLEITER J. BRÄMER UND I. RUSCHER

AUS DEM INHALT

AKADEMIE-VERLAG BERLIN

Faserforsch. u. Textiltechnik • 22. Jahrg. • Heft 3 • Seiten 111–170 • Berlin im März 1971

DK 678.5/.8:677.4.001.5"71"

Philipp, Burkart, unter Mitarbeit von *Dautzenberg, Horst, Reinisch, Gerhard, Ruscher, Christian, Schiedeknecht, Hans-Heiner, Winkler, Friedrich* und *Zimmermann, Heinz*

Entwicklungslinien der Chemiefaserforschung im Rahmen der Polymerwissenschaft

Faserforsch. u. Textiltechnik **22** (1971) 3, S. 111—170. 10 Abb., 3 Tab., 12 Lit.

Ausgehend von den heutigen Zielrichtungen der Polymerwissenschaft werden einige auch für die Chemiefaserforschung zutreffende Entwicklungstendenzen auf dem Gebiete der Werkstoffe aus organischen Hochpolymeren aufgezeigt, nämlich der Gedanke des „molecular engineering" in Rückkopplung mit der Applikationsforschung, das Denken in Systemen und Prinzipien statt in Einzelstoffen und einzelnen Verfahrensstufen und der Gedanke der Präzision und Konstanz in Verarbeitung und Produkteigenschaften als Voraussetzung automatisierter Fließverfahrenszüge. Gleichzeitig wird auf die faserspezifischen Faktoren des Einflusses von Grenzflächen und Grenzflächenvorgängen und der Bedeutung der strukturellen Anisotropie hingewiesen. Zur Veranschaulichung werden einige Forschungsergebnisse aus dem Institut für Faserstoff-Forschung der DAW auszugsweise vorgetragen. Abschließend wird die Frage der Integration der Chemiefaserstoff-Forschung in das Gesamtgebiet der Polymerwissenschaft behandelt.

DK 677.4:[677.016.26:535.668.8]:677.017.424.2:677.019.36

Kaufmann, Siegfried

Physikalische Probleme bei der Einwirkung ultravioletter und sichtbarer Strahlung auf synthetische Faserstoffe

Faserforsch. u. Textiltechnik **22** (1971) 3, S. 120—129. 11 Abb., 48 Lit.

Die Probleme der natürlichen und künstlichen Bestrahlung sowie die Probleme der Stabilisierung von Polyester- und Polyamidseide bezüglich der Reißkraft werden behandelt. Bei Viskosefasern wird die Weißgradänderung beschrieben.

DK 678.5/.8:677.494:539.22:677.021.125.2:678.5/.8.02-416

Michajlov, N. V.

Strukturuneinheitlichkeit von fadenbildenden Polymeren und Herstellungsmechanismus von wäßrigen kolloiden Dispersionen auf ihrer Basis

Faserforsch. u. Textiltechnik **22** (1971) 3, S. 129—137. 9 Abb., 3 Tab., 29 Lit.

Nach einleitenden Betrachtungen über die Morphologie der übermolekularen Strukturgebilde in Polymeren wird auf die strukturelle Uneinheitlichkeit eingegangen. Darauf aufbauend wird über Ergebnisse berichtet, die bei Untersuchungen wäßriger Polymerdispersionen, insbesondere von starrkettigen Polymeren, erhalten wurden. Der Schwerpunkt der Betrachtungen liegt beim Bildungsmechanismus solcher Dispersionen und ihrer Verformung zu Fäden und Folien

---

DK 677.494.675'126:677.021.125.2/.5:539.2:[541.121:536.7]

Dittmann, Heinz

Strukturbildung und -änderung bei der Erspinnung, Reckung und Nachbehandlung von Polyamid-6-Fäden

Faserforsch. u. Textiltechnik **22** (1971) 3, S. 138—145. 14 Abb., 3 Tab., 3 Lit.

Die Anisotropie- und thermodynamischen Ungleichgewichtszustände werden für verschiedene Produktionsstufen beschrieben

---

DK 677.46:677.862.2.:61:574/578

Rogovin, Z. A., und *Virnik, A. D.*

Modifizierte Cellulosematerialien für Medizin und Biologie

Faserforsch. u. Textiltechnik **22** (1971) 3, S. 145—153. 3 Tab., 22 Lit.

Eine der wichtigsten Richtungen bei der Modifizierung von künstlichen Cellulosefaserstoffen zwecks Gewinnung von Materialien mit neuen Eigenschaften ist die Entwicklung von biologisch aktiven Materialien, die in der medizinischen Praxis und verschiedenen Zweigen der Volkswirtschaft eingesetzt werden können. Die wichtigsten, in der Moskauer Textilhochschule entwickelten und praktisch bereits angewandten modifizierten Cellulosematerialien werden besprochen und Lösungswege zur Herstellung dieser Materialien gezeigt.

DK 677.494.675:[678-13.02:66.095.26]:677.494.061:677.61:677.862.516.2

Preston, Jack

Hochtemperaturbeständige Fasern aus geordneten Copolymeren

Faserforsch. u. Textiltechnik **22** (1971) 3, S. 153—162. 8 Abb., 2 Tab., 41 Lit.

Es wird ein Überblick über die thermischen Eigenschaften einiger vollaromatischer Polyamide und Polyimide unter besonderer Berücksichtigung der Beziehung zwischen Struktur und Eigenschaften gegeben. Ein Konzept für die Synthese von Polymeren für thermostabile Faserstoffe, das sich als das brauchbarste für die Überwindung vieler Probleme der Polymerenherstellung- und -fabrikation erwiesen hat — das Konzept der geordneten Copolymeren — wird ausführlich diskutiert. Die Eigenschaften verschiedener Faserstoffe unter simulierten anwendungstechnischen Bedingungen werden dargestellt.
Einige Eigenschaften der neuen flammfesten Gewebe werden erläutert und nach Literaturangaben einige Eigenschaften der neuen glasähnlichen Fasern angegeben. Dabei werden zukünftige Entwicklungen bei Faserstoffen aus vollaromatischen geordneten Polymeren, zum Beispiel wichtige neue Eigenschaften neben der thermischen Stabilität, herausgestellt.

Die Zeitschrift „Faserforschung und Textiltechnik" erscheint monatlich in Heften zu 48 Textseiten im Format A 4. Der Preis für das Einzelheft beträgt M 15,— (Sonderpreis für DDR M 9,—), für den Vierteljahrbezug M 45,— (Sonderpreis für DDR M 27,—), zuzügl. Bestellgeld. Die Berechnung erfolgt zu Beginn eines Vierteljahrs für 3 Hefte. Bestellungen aus dem Gebiet der Deutschen Demokratischen Republik an ein Postamt, eine Buchhandlung oder den Verlag, aus der Deutschen Bundesrepublik an eine Buchhandlung oder die Auslieferungsstelle Kunst und Wissen, Erich Bieber, 7 Stuttgart 1, Wilhelmstraße 4—6, aus dem Ausland an eine Importbuchhandlung, den Deutschen Buch-Export und -Import GmbH., 701 Leipzig, Postschließfach 276, oder den Akademie-Verlag GmbH., 108 Berlin, Leipziger Str. 3—4 (Fernruf: 220441; Telex-Nr. 0112020; Postscheckkonto 35021) erbeten. Bestellnummer dieses Heftes: 1014/22/3. Alleinige Anzeigenannahme DEWAG-WERBUNG, 102 Berlin, Rosenthaler Str. 28/31, und alle DEWAG-Betriebe in den Bezirksstädten der DDR. — Bestellungen in der UdSSR nehmen entgegen: Städtische Abteilungen von „SOJUZPECHATJ" bzw. Postämter und Postkontore.

Herausgeber und verantwortlich für den Inhalt: Prof. Dr. Erich Correns, Institut für Faserstoff-Forschung der Deutschen Akademie der Wissenschaften zu Berlin, 153 Teltow-Seehof, Fernruf: Teltow 4831; Prof. Dr.-Ing. habil. Wolfgang Bobeth, Institut für Technologie der Fasern der Deutschen Akademie der Wissenschaften zu Berlin, 801 Dresden, Hohe Str. 6, Fernruf: 44721; Prof. Dr.-Ing. Hans Böhringer, Institut für Textiltechnologie der Chemiefasern Rudolstadt, Fernruf: Rudolstadt 2031; Prof. Dr. Hermann Klare, Prof. Dr. habil. Burkart Philipp und Dr. habil. Christian Ruscher, Institut für Faserstoff-Forschung der Deutschen Akademie der Wissenschaften zu Berlin, 153 Teltow-Seehof, Fernruf: Teltow 4831. Schriftleiter: Joachim Brämer und Dipl.-Chem. Ingeborg Ruscher, 153 Teltow-Seehof, Kantstr. 55. Verlag: Akademie-Verlag GmbH., 108 Berlin, Leipziger Str. 3—4. Satz und Druck: Druckhaus „Maxim Gorki", 74 Altenburg. — Veröffentlicht unter der Lizenznummer 1280 des Presseamtes beim Vorsitzenden des Ministerrates der Deutschen Demokratischen Republik.

Manuskriptsendungen sind an einen der Herausgeber oder die Schriftleitung zu richten. Für Inhalt und Form gelten die „Richtlinien für die Annahme und Abfassung von Beiträgen", erhältlich von der Schriftleitung. Die Verfasser größerer wissenschaftlicher Arbeiten erhalten außer dem Honorar ein Heft und 50 Sonderdrucke ihrer Arbeit unentgeltlich.

Faserforschung und Textiltechnik

WISSENSCHAFTLICH-TECHNISCHE ZEITSCHRIFT FÜR DIE CHEMIEFASER- UND TEXTILINDUSTRIE

Band 22 | März 1971 | Heft 3

Entwicklungslinien der Chemiefaserforschung im Rahmen der Polymerwissenschaft[1)]

Burkart Philipp

unter Mitarbeit von *Horst Dautzenberg, Gerhard Reinisch, Christian Ruscher, Hans-Heiner Schmiedeknecht, Friedrich Winkler* und *Heinz Zimmermann*

Deutsche Akademie der Wissenschaften zu Berlin, Institut für Faserstoff-Forschung in Teltow-Seehof

DK 678.5/.8:677.4.001.5"71"

Ausgehend von den heutigen Zielrichtungen der Polymerwissenschaft werden einige auch für die Chemiefaserforschung zutreffende Entwicklungstendenzen auf dem Gebiete der Werkstoffe aus organischen Hochpolymeren aufgezeigt, nämlich der Gedanke des „molecular engineering" in Rückkopplung mit der Applikationsforschung, das Denken in Systemen und Prinzipien statt in Einzelstoffen und einzelnen Verfahrensstufen und der Gedanke der Präzision und Konstanz in Verarbeitung und Produkteigenschaften als Voraussetzung automatisierter Fließverfahrenszüge. Gleichzeitig wird auf die faserspezifischen Faktoren des Einflusses von Grenzflächen und Grenzflächenvorgängen und der Bedeutung der strukturellen Anisotropie hingewiesen. Zur Veranschaulichung werden einige Forschungsergebnisse aus dem Institut für Faserstoff-Forschung der DAW auszugsweise vorgetragen. Abschließend wird die Frage der Integration der Chemiefaserstoff-Forschung in das Gesamtgebiet der Polymerwissenschaft behandelt.

Пути развития исследовательских работ в области химических волокон в рамках науки о полимерах

Исходя из современных направлений развития науки о полимерах показаны некоторые тенденции научно-исследовательских работ в области конструкционных полимерных материалов, относящиеся и к исследованию химических волокон. Указывается, в частности, на „молекулярно-инженерный" подход в обратной связи с исследованием областей применения, на системно-принципный образ мышления вместо рассмотрения отдельных веществ и стадий процессов и на повышенную точность и постоянство параметров как при переработке, так и в свойствах продуктов, которые являются предпоставкой для разработки автоматизированных поточных технологических процессов. Одновременно обращается внимание на такие специфические для волокон факторы, как-то влияние поверхностей раздела и процессов, протекающих на них, и значение структурной анизотропии. Для иллюстрации упомянутых тенденций приводятся некоторые резултаты, полученные в Институте волокнистых материалов НАН. В заключение рассматривается вопрос об интеграции исследования химических волокон в целостной науке о полимерах.

Trends in Man-made Fibre Research based on Polymer Science

The trends in creating new materials based on organic high polymers are outlined by referring to the present developments in polymer science being effective in fibre research. Particularly the concept of molecular engineering as related to the application of the products obtained, the preference given to systems and principles over individual substances and process stages as well as the constancy and precision of properties required in automatic processing are stressed. The interfacial processes related to fibre properties are considered. Some results obtained in the Institut für Faserstoff-Forschung der Deutschen Akademie der Wissenschaften zu Berlin are reported. Finally, the place of man-made fibre research within the field of polymer science is discussed.

Einführung

Die Entwicklung der Polymerwissenschaft kann als ein besonders charakteristisches Beispiel für eine zunehmende Integration auf dem gesamten Gebiet von Naturwissenschaft und Technik betrachtet werden. Dies gilt sowohl für die schon sehr frühzeitig begonnene gegenseitige Durchdringung einzelner Teildisziplinen der Chemie in Denkweise und Methodik und die Zusammenführung von Chemie, Physik und neuerdings Biologie in der modernen Polymerforschung als auch für eine vielseitige Stimulierung der verschiedensten Wissensgebiete und ihrer technologischen Auswertung durch die in der Polymerforschung gewonnenen Erkenntnisse und neu geschaffenen Methodiken. Neben die in den vergangenen Jahrzehnten ganz im Vordergrund stehende Hauptrichtung der Entwicklung neuer verbesserter Werkstoffe tritt in zunehmendem Maße die Frage der Verwendung von Hochpolymeren für Zwecke der Stofftrennung, Stoffwandlung und des Stofftransports, die Frage nach der Rolle natürlicher und synthetischer Polymerer im biologischen Geschehen und den sich hieraus ergebenden potentionellen Fortschritten und Gefahren für die Menschheit und schließlich die Frage nach den Möglichkeiten und Grenzen für eine Nutzung organischer Hochpolymerer als Informationsträger. Zweifellos ist in Zukunft mit einer weiteren Akzentverschiebung nach den zuletzt genannten Richtungen zu rechnen, jedoch wird aller Voraussicht nach in den nächsten Jahren die Entwicklung neuer Werkstoffe auf Basis einer grundlegenden Klärung der Zusammenhänge zwischen Kettenaufbau- und Verformungsbedingungen, chemischer und übermolekularer Struktur und Werkstoffeigenschaften ihre dominierende Rolle innerhalb der Polymerwissenschaft noch beibehalten. Mein Vortrag soll sich daher auf diese Werkstoffrichtung beschränken, und wir wollen auch die Chemiefaserstoffe zunächst einmal ausschließlich als Werkstoff betrachten, dessen Bedeutung allerdings zunehmend über den rein textilen Sektor hinausreicht.

[1)] Vorgetragen auf dem 3. Internationalen Chemiefasersymposium in Dresden am 1. Dezember 1970.

Aus der Fülle des veröffentlichten Materials lassen sich unter dem Gesichtswinkel der Grundlagenforschung bei dieser Werkstoffrichtung der Polymerforschung folgende Trends herauslesen:

1. Die Grundfrage nach den Zusammenhängen zwischen Struktur und Eigenschaften, die sich widerspiegelt in einem „molecular engineering" vor allem von Spezialwerkstoffen in enger Rückkopplung mit einer Applikationsforschung auf Basis von und in Wechselbeziehung mit Verbraucherwünschen, wobei das Angebot neuer Produkteigenschaften meist aus einem Überangebot von Erkenntnissen der systematischen Forschung resultiert (Beispiel: hochtemperaturbeständige Fasern), und wobei das „molecular engineering" chemische Struktur der Ketten *und* übermolekulare Struktur des Formgebildes gleichermaßen umfaßt und heute eine enge Partnerschaft zwischen Polymerchemiker und Polymerphysiker erfordert;
2. das Denken in Systemen und Prinzipien statt in Einzelstoffen und Einzelverfahren und eine damit verbundene Zusammenführung von bisher getrennt laufenden stoffbezogenen Arbeitsrichtungen und Industriezweigen (Papier- und Textilindustrie, Kunststoffverarbeitung und Herstellung von Schmelzspinnfasern);
3. der Gedanke der Präzision in Verarbeitung und Stoffeigenschaften als Voraussetzung automatisierter Verfahrenszüge und konstanter Produkteigenschaften sowie einer künftigen Verringerung der noch viel zu hohen Sicherheitskoeffizienten bei allen Werkstoffen, wobei über eine in zunehmendem Maße erforderliche mathematische Durchdringung der Prozesse eine Rückkopplung zu 2 besteht.

Die hier dargelegten Trends sind selbstverständlich uneingeschränkt auch für die Forschung und Entwicklung bei Chemiefaserstoffen gültig, bedürfen jedoch gegenüber der Werkstoff-Forschung auf dem Plast- und Elastgebiet noch einer Ergänzung durch zwei „faserspezifische" Faktoren, indem einmal die ausgeprägte strukturelle Anisotropie und deren gezielte Beeinflussung eine wesentliche Komponente des „molecular engineering" bilden, indem zum anderen der erhebliche Einfluß der Grenzfläche im Vergleich zur Volumenphase sowohl zusätzliche Möglichkeiten z. B. zur Eigenschaftswandlung durch Verbundbildung bietet als auch zusätzliche Probleme aufwirft, etwa der Haftung und Reibung, der Korrosion durch Umwelteinflüsse oder auch der Qualitätsbeeinflussung durch Inhomogenitäten im zu verformenden Polymeren.

Diese bisher recht allgemein formulierten Entwicklungstrends der Forschung bei Polymerwerkstoffen im ganzen, bei Chemiefaserstoffen im speziellen, sollen an einer Reihe von Beispielen konkretisiert werden, wobei ich hier zugleich die Gelegenheit benutze, einige Forschungsergebnisse des Instituts für Faserstoff-Forschung der DAW bzw. gemeinsam mit dem VEB Chemiefaserkombinat Schwarza „Wilhelm Pieck" durchgeführte Arbeiten zusammenfassend vorzustellen. Hierbei handelt es sich sowohl um „konstruktive" als auch um „analytische" Arbeiten, wobei aus verständlichen Gründen für diesen Vortrag der Schwerpunkt bei letzteren liegt.

Molecular Engineering

Unter den zahlreichen Möglichkeiten des „molecular engineering" hat uns für die eigenen Arbeiten des Instituts seit jeher die Wechselbeziehung zwischen chemischem Bau der Kette und Strukturbildung aus Lösung oder Schmelze in Verbindung mit den daraus resultierenden Fadeneigenschaften interessiert. Ich erinnere dabei an die Ihnen allen bekannten Arbeiten von *H. Klare* und *A. Gröbe* [1] zum Viskosespinnprozeß und an den Vortrag von *A. Gröbe* [2] anläßlich unseres letzten Symposiums, in dem vor allem die Leistungsfähigkeit der Elektronenmikroskopie als diagnostisches Mittel der Strukturuntersuchung überzeugend herausgestellt wurde. Wie sich auch beim Naßspinnprozeß des Polyacrylnitrils schon relativ geringe Änderungen im chemischen Bau der Kette auf die morphologische Struktur der Faser und dadurch auf deren textilphysikalische Eigenschaften auswirken, zeigt die kürzlich von *V. Gröbe* [3] veröffentlichte Gegenüberstellung von Acrylnitrilhomopolymeren und Copolymeren mit geringem Sulfonatgehalt. Beim Spinnen einer DMF-Lösung des Homopolymeren in DMF/Wasser-Gemische unterschiedlicher Zusammensetzung bildet sich normalerweise eine Struktur mit Hohlräumen von 500 bis 1000 Å Durchmesser, die erst in Mischungen mit mehr als 80% DMF, also im Gebiet einer sehr weichen Fällung, durch eine dichtere, hohlraumfreie Struktur abgelöst wird (Bild 1). Bei Einbau von wenig Sulfonat in die Ketten wird diese dichtere Struktur schon bei DMF-Gehalten von weniger als 60% im Fällbad beobachtet. Offensichtlich werden die Sulfonatgruppen durch das für Hochpolymere sehr „harte" Fällmittel

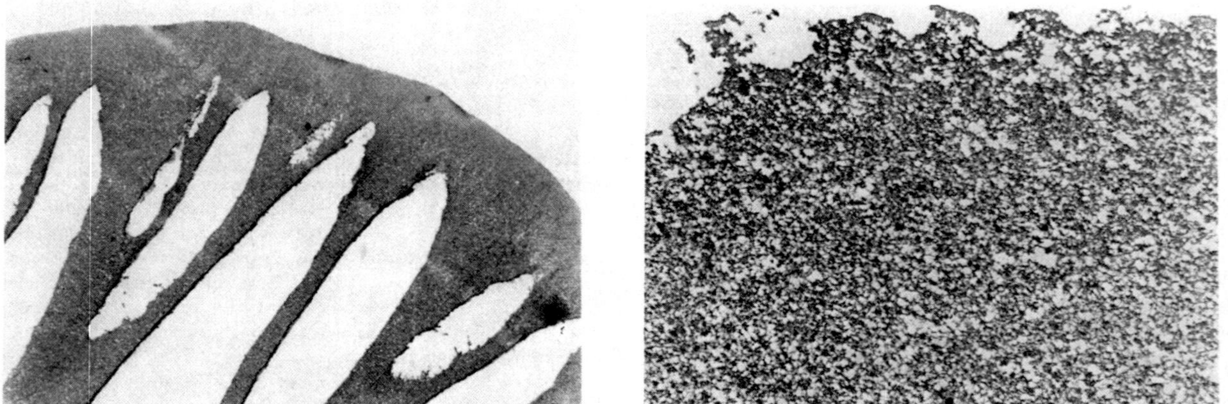

a) Fällbad Wasser b) Fällbad Wasser/DMF (20:80)

Bild 1. Ultradünnschnitte von gereckten Polyacrylnitrilfäden (Homopolymerisat) Vergr.: 6000fach

Wasser lokalisiert. Demzufolge setzt die Entmischung erst bei einem höheren Fällmittelgehalt ein, und die Polymerphase verbleibt längere Zeit in einem hochgequollenen Zustand. Diese Änderung der morphologischen Struktur läßt zusammen mit der Hydrophilie der Sulfonatgruppe den erheblichen Einfluß von geringen Sulfonatgehalten auf verschiedene textilphysikalische Eigenschaften wie Reißdehnung, Naßfestigkeit und Wasserrückhaltevermögen verstehen und erklärt auch das andere Aussehen — einen bläulich opaleszierenden Glanz — solcher sulfonathaltiger Fäden.

Systemaspekte

Während sich früher jede Disziplin unabhängig von den anderen ihr eigenes theoretisches Werkzeug schuf, hat sich in den vergangenen Jahren die Systemtheorie zu einem neuen Querschnittsgebiet für die verschiedensten naturwissenschaftlich-technischen Disziplinen entwickelt. Die von ihr geschaffenen einheitlichen Begriffe und Methoden sind von einer unmittelbaren Bezogenheit auf ein Fachgebiet losgelöst, sie lassen so das Wesentliche, Verallgemeinerungsfähige erkennen und ermöglichen die verschiedenartigsten Anwendungen.

Ziel jeder Systemanalyse ist die Erarbeitung eines mathematischen Modells, das als allgemeinste Beschreibung des Systems und der in ihm ablaufenden Prozesse zu verstehen ist.

Im Institut für Faserstoff-Forschung werden die Methoden der System- und Prozeßanalyse auf die vielfältigsten Aufgabenstellungen angewendet, so z. B. zur Erfassung des Kraft-Verformungs-Verhaltens von Faserstoffen und Textilien. Dieser Aufgabe kommt große Bedeutung hinsichtlich der systemautomatisierten Prozesse der Chemiefaserstoffherstellung und des optimalen Werkstoffeinsatzes zu. Die Chemieseiden z. B. unterliegen während der Verarbeitung und im praktischen Gebrauch unterschiedlichen Beanspruchungen, deren Zeitfunktionen determiniert oder stochastisch sein können. Zur Ermittlung von Kennfunktionen (z. B. Übertragungsfunktion, Frequenzgang) werden determinierte Testfunktionen verwendet.

Für die Modellierung verfahrenstechnischer Prozesse wird die Methode des Zustandsraumes angewendet. Die Eingangsgrößen kennzeichnen die in ein System einlaufenden Stoffströme, während die Betriebsgrößen am System einstellbar sind. Eingangs- und Betriebsgrößen ergeben zusammen den Steuervektor. Über die Systemmatrix ist der Steuervektor mit dem Zustandsvektor des Systems verknüpft. Die Ausgangsgrößen sind aus den Zustandsgrößen und Steuergrößen zu errechnen.

Zur Zeit ist es noch nicht möglich, für ganze Verfahrenszüge der Chemiefaserstoffproduktion mit Hilfe der Systemanalyse mathematische Modelle zu ermitteln, so daß das Gesamtsystem in einzelne sinnvoll abgegrenzte Teilsysteme zerlegt werden muß. Als Beispiel für ein solches überschaubares Teilsystem kann der Extruder gelten. Zustandsgrößen können bei ihm z. B. die Merkmale für die Wärmeenergie, die Druckenergie und das visko-elastische Verhalten des thermoplastischen Polymeren sein. Als Ausgangsgrößen sind der Massedurchsatz und die Verziehbarkeit der extrudierten Fäden denkbar. Zu den Eingangsgrößen können die Molekülmasse und die Konzentration von Zusätzen (Mattierungsmittel, Weichmacher) gerechnet werden. Als Betriebsgrößen gelten die Drehzahl der Schnecke und die Verteilung der zugeführten Wärme längs der Schnecke. Für die Ermittlung der Beziehungen zwischen den Ausgangsgrößen, Steuergrößen und Zustandsgrößen müssen zunächst meist einfache mathematische Ansätze vorgegeben werden, die nach und nach zu präzisieren sind. Das so erarbeitete Modell bildet die Grundlage für die elektronische Datenverarbeitung mit dem Ziel der Optimierung der Systeme und Prozesse.

Die Anwendung solcher Gedankengänge auf chemische Prozesse erfordert natürlich eingehende reaktionskinetische und reaktionsmechanistische Untersuchungen und deren Auswertung unter möglichst verallgemeinerungsfähigen Gesichtspunkten. Für die Homogenreaktion der CS_2-Chemie im Viskoseprozeß wurden in den letzten Jahren durch die Arbeiten mit *H. Dautzenberg* [4] diese Voraussetzungen geschaffen, indem wir für sämtliche Bildungsreaktionen, auch in Gegenwart von Zusatzmitteln, vom bimolekularen Elementarvorgang der nukleophilen Addition an die CS_2-Molekel ausgingen und so Xanthogenat-, Thiocarbonat- und Thiocarbaminatbildung unter einem einheitlichen Gesichtspunkt erfaßten, wobei wir mittels einer Kombination von Polarographie und Spektralphotometrie die einzelnen RGK-Werte bestimmten (Tabelle 1). Sehr rasch verlaufende vorgelagerte Protonisierungs- und Deprotonisierungsreaktionen brauchten dabei nur in Form der zugehörigen Gleichgewichtskonstanten berücksichtigt zu werden. Nicht ganz so weitgehend systematisieren lassen sich die Zersetzungsreaktionen (Tabelle 2), da hier drei Prinzipien, nämlich das der Umkehr der Bildungsreaktion unter CS_2- bzw. COS-Abspaltung, das der stufenweisen Entschwefelung unter Freisetzung von Sulfid bzw. H_2S und das der Dithiocarbonatabspaltung (aus Xanthogenat) in unterschiedlichem Maße nebeneinander wirksam werden, wenn man einmal von den oxydativen Weiterreaktionen absieht. Modelluntersuchungen an niedermolekularen

Tabelle 1. RGK-Werte für die nukleophile Addition verschiedener Reaktionspartner an CS_2, gemessen in 0,1 m NaOH *bei* 20 °C

Reaktionsschritt	^2k $min^{-1}\ l\ mol^{-1}$
$CS_2 + OH' \rightarrow CS_2OH'$	0,009
$CS_2 + SH' \rightarrow CS_3H'$	0,085
$CS_2 + CS_2O'' \rightarrow CS_3'' + COS$	5,9*
$CS_2 + C_2H_5O' \rightarrow C_2H_5OCSS'$	4,7
$CS_2 + C_2H_5NH_2 \rightarrow C_2H_5NHCSS' + H'$	2,6

* gemessen in 1 m NaOH

Tabelle 2. Zersetzungsreaktionen von Xanthogenaten in wäßrig-alkalischer Lösung

I	$ROCSS' + H_2O \rightarrow ROH + OH' + CS_2$
II	$ROCSS' + OH' \rightarrow ROCOS' + SH'$
	bzw. $RO' + SH' + CSO$
III	$ROCSS' + OH' \rightarrow RO' + CS_2OH'$

Tabelle 3. Stabilitätskonstanten K verschiedener Xanthogenate bei 20 °C

Xanthogenat von	Stabilitätskonstante K	Bemerkungen
Methanol	22000	$K = \frac{k_{Dex}}{k_x}$
Äthanol	16000	
n-Propanol	15000	
i-Propanol	10000	
n-Butanol	9000	
t-Butanol	12000	
Trifluoräthanol	< 30	
Äthylenglykol	4000	
Diglykol u. Polyglykole	3000	
Äthylenglykol-monoäthyläther	2900	
1,3-Butandiol	10700	
1,4-Butandiol	10500	
Triäthanolamin	500	
Glucose, Mannose, Xylose, Glucuronsäure, β-Methylglucosid, Cellobiose	≈ 1200	für Xanthogenatgruppen an C_6 bei Hexosen
	≈ 300	für Xanthogenatgruppen an C_2, C_3, C_4

$$ROH + CS_2 + OH' \underset{k'_{Dex}}{\overset{kx}{\rightleftharpoons}} ROCSS' + H_2O$$

Alkoholen sowie an Mono- und Oligosacchariden trugen wesentlich zur Klärung des Einflusses von Stellung und Umgebung der einzelnen Hydroxylgruppe auf deren Reaktivität bei der Xanthogenatbildung und -zersetzung bei, wobei die Acidität der OH-Gruppe als maßgebende Größe erkannt wurde, indem mit wachsender Dissoziationskonstante die RGK der unter CS_2-Abspaltung verlaufenden und auch im normalen Viskoseprozeß maßgebenden Zersetzungsreaktionen etwa linear ansteigt, die RGK der bimolekularen Bildungsreaktion $RO' + CS_2 \rightarrow ROCS_2'$ dagegen nach anfänglicher Konstanz stark abnimmt, wobei jede Xanthogenatgruppierung durch eine Quasistabilitätskonstante (Tabelle 3) charakterisiert werden kann [5].

Der Übergang vom monomeren Modell zur Polymerkette bringt für die homogene Xanthogenierung sowohl beim Glucan bzw. der Cellulose wie auch beim Polyvinylalkohol (1-3-Propandiol als Modell) nur verhältnismäßig geringe quantitative Reaktivitätsverschiebungen mit sich, wenn man die Anfangs-RGK betrachtet; Bildungs- und Zersetzungs-RGK bei Cellotetraose unterscheiden sich bereits kaum noch von den bei langkettiger Cellulose gemessenen Werten. Mit Hilfe solcher Modellversuche konnte auch das vieldiskutierte Verhalten von Hemicellulosen und von bei der Vorreife entstandenen anoxydierten Kettenbruchstücken quantitativ geklärt werden, mit dem Schluß, daß bei einer nun möglichen mathematischen Modellierung der im homogenen System „Viskose" ablaufenden Umsetzungen die von Hemicellulosen ablaufenden Reaktionen ebenso wie oxydative Weiterreaktionen nur zweitrangige, das Gesamtgeschehen wenig beeinflussende Störeffekte darstellen. Eine Einbeziehung auch der heterogen ablaufenden Sulfidierung der Alkalicellulose in dieses System erscheint beim heutigen Kenntnisstand durchaus möglich, wenn man die durch inter- und intramolekulare Wasserstoffbrücken hervorgerufene Reaktivitätsverschiebung zwischen sekundären und primären OH-Gruppen und die dadurch veränderte Xanthogenatgruppenverteilung berücksichtigt. Selbstverständlich kann eine solche mathematische Modellierung niemals isoliert als Selbstzweck, sondern sie muß immer zugleich unter dem Gesichtspunkt von Aufwand und Nutzen betrachtet werden.

Präzision

Ein solches Systemdenken schafft geeignete Voraussetzungen für die heute mit Recht immer wieder geforderte multivalente Nutzung naturwissenschaftlicher Ergebnisse, z. B. der zur CS_2-Chemie erhaltenen, nicht nur im Viskoseprozeß, sondern auch z. B. in der Gasreinigung, und steht über die mathematische Modellierung und die darauf aufbauende Prozeßsteuerung zugleich im engen Zusammenhang mit dem Gedanken einer möglichst hohen Präzision bei der Prozeßführung und einer möglichst weitgehenden Konstanz der Produkteigenschaften. Hierbei ist es Aufgabe der chemischen Grundlagenforschung, einmal die für den Gebrauchswert des Produktes maßgebenden Faktoren aufzufinden und dabei vor allem Abweichungen vom normalen, einer Modellierung zunächst zugrundegelegten Reaktionsablauf zu erkennen und aufzuklären, zum anderen geeignete Analysenmethoden zur quantitativen Erfassung dieser Größen vorzuschlagen. Wir haben uns in den letzten Jahren vor allem auf dem Gebiet der faserbildenden Polykondensate mit dem Aufbau einer solchen „Reaktionsanalytik" befaßt und konnten dabei zugleich mit zu der Erkenntnis beitragen, daß Schmelzpolykondensationen infolge parallel laufender irreversibler Spaltungs- und gleichzeitig möglicher Vernetzungsvorgänge keinesfalls so übersichtlich und damit vom Standpunkt des Forschers „langweilig" sind, wie früher manchmal angenommen wurde.

So ist zum Beispiel eine thermische Spaltung der Polyesterkette die Ursache dafür, daß in jedem PÄT neben den vom Syntheseweg her spezifischen Hydroxylgruppen auch Carboxylgruppen als Endgruppen auftreten, und der Carboxylgruppengehalt kann als ein Qualitätskriterium hinsichtlich einer thermischen Schädigung angesehen werden. Entsprechend Bild 2 besteht der Initialschritt in einer von den Umesterungskatalysatoren in verschieden starkem Maße beschleunigten statistischen Kettenspaltung unter Bildung je einer Vinylester- und einer Carboxylgruppe [6]. Solange in der PÄT-Schmelze die Endgruppen noch in überwiegender Zahl als Hydroxylgruppen vorliegen, werden die Vinylesterendgruppen, unter Ausbildung einer neuen Polyesterbindung, durch diese umgeestert, so daß schließlich statt einer Hydroxyl- nun eine Carboxylgruppe vorhanden, der Durchschnittspolymerisationsgrad jedoch gleich geblieben ist. In dem Maße, in dem sich die Zahl der Hydroxylgruppen durch die Aufbaureaktion und die Kompensationsreaktion mit Vinylestergruppen verringert, nehmen die in dem komplexen Reaktionsgeschehen möglichen anderen Folgereaktionen zu und führen in ihrem Endergebnis zu einem Abbau der rel. Molekülmasse. Zwei Polyester, die die gleiche Molmasse und damit die gleiche Zahl an Endgruppen je g besitzen, können sich in ihrem Verhältnis von Hydroxyl- zu Carboxylgruppen — das bedeutet aber auch in ihrem thermischen Verhalten — stark voneinander

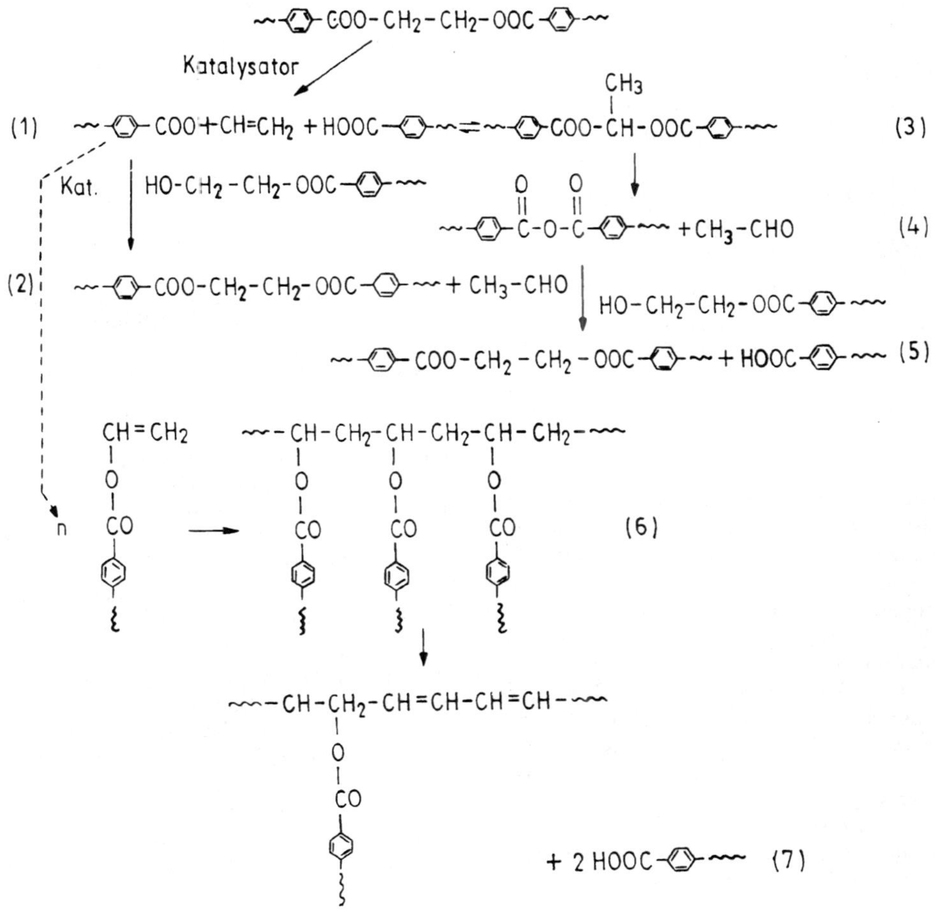

Bild 2. Thermischer Abbau von Polyäthylenterephthalat

unterscheiden, je nachdem, in welchem Ausmaß die Zahl der Carboxylgruppen auf Kosten von Hydroxylgruppen bereits während der Polykondensation angestiegen ist.

Bild 3 zeigt das anhand von Lösungsviskosität und Carboxylgruppengehalt für 2 PÄT-Proben während thermischer Belastung in geschmolzenem Zustand [6, 7]. In einem Fall beschleunigte die Katalysatorkombination die COOH-Bildung während der Polykondensation nur wenig. Während des Aufbewahrens unter N_2 bei 280 °C steigt zwar der COOH-Gehalt kontinuierlich an, die Kettenspaltungen können jedoch auf Grund des hohen Hydroxylgehaltes kompensiert werden und die Viskosität bleibt konstant. Bei der anderen Probe ist diese Möglichkeit auf Grund des höheren Ausgangscarboxylgruppengehalts kaum noch gegeben, und die Viskosität fällt unter gleichen Bedingungen laufend ab. Bei thermooxydativen Schädigungen von PÄT kann der Carboxylgruppengehalt ebenfalls als Charakteristikum herangezogen werden (Bild 4). Wir erhielten z. B. eindeutige Korrelationen zwischen Lage und Fläche eines Oxydationspeaks in den DTA-Kurven und dem Carboxylgruppengehalt verschiedenartig hergestellter PÄT-Proben [7].

Auch bei Polyamid 6, für das bei normalem Verlauf der Aufbaureaktion annähernd äquivalente Mengen an Carboxyl- und Aminoendgruppen zu erwarten sind und auch gefunden wurden, lassen sich aus Abweichun-

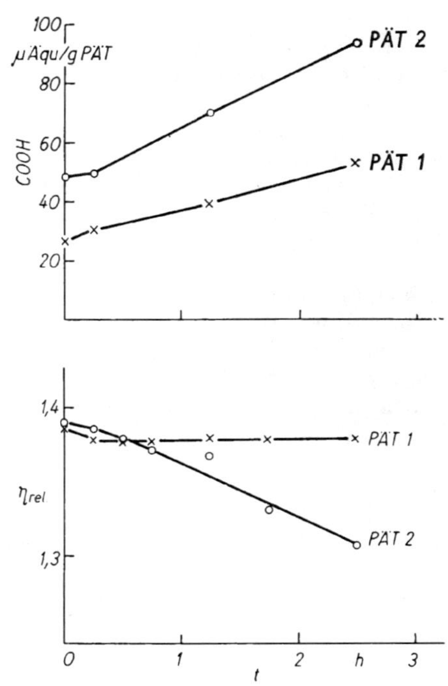

Bild 3. Änderung der rel. Lösungsviskosität und des Carboxylgruppengehaltes beim Erhitzen von PÄT-Proben auf 280 °C unter Stickstoff

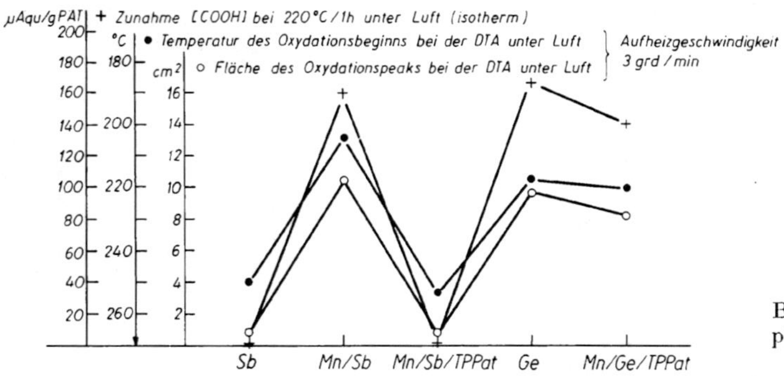

Bild 4. Thermooxydativer Abbau von PÄT in Abhängigkeit von den bei der Herstellung verwendeten Umesterungskatalysatoren

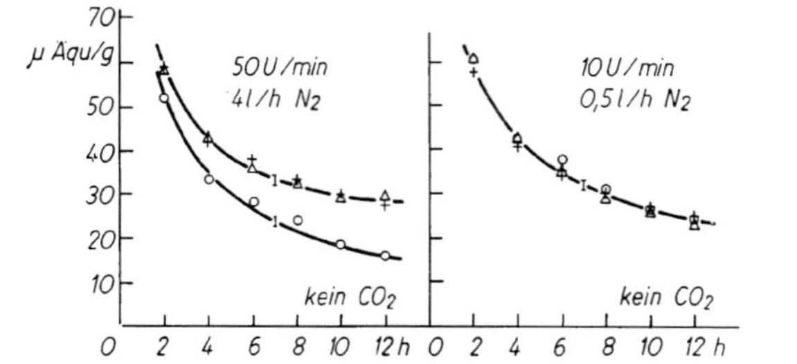

Bild 5. Endgruppenkonzentration in der Polykondensationsphase der Polycaprolactambildung im offenen System (251 °C)

○ titr. [—COOH] △ titr. [—NH_2] + ber. [—E] aus [η]

gen in der Endgruppenstöchiometrie Rückschlüsse auf irreversible, den normalen Prozeßablauf störende Nebenreaktionen ziehen. Die von *Reinisch* u. Mitarb. [8] aufgefundene und aufgeklärte Carboxylgruppen-Dehydratationsanomalie, d. h. eine im Vergleich zu den Aminoendgruppen viel raschere Abnahme der Carboxylgruppenkonzentration während der Polykondensationsphase der Reaktion, tritt stets bei einem besonders intensiven Wasserabtransport im System auf (Bild 5). Nach unseren an Totalhydrolysaten durch Papierchromatographie erhaltenen Ergebnissen ist diese Anomalie auf eine irreguläre Kondensationsreaktion in der Schmelze, nämlich auf eine C–C-verknüpfende Acylierung binnenständiger CO-vicinaler Methylengruppen zurückzuführen (Bild 6). Bei der technischen Polycaprolactamgewinnung kann diese Carboxylgruppenanomalie eine deutliche Verringerung der Kettenaufbaugeschwindigkeit bewirken und die auf Grund einer höheren Stofftransportrate zunächst erwartete Reaktionsbeschleunigung kompensieren bzw. überkompensieren. Wesentlich erscheinen solche Überlegungen vor allem zur Gegenüberstellung von Aufwand und Nutzen bei einer Vakuum-Polykondensation.

Die Erkennung solcher anormaler Reaktionsabläufe und ihrer Auswirkungen auf die Produkteigenschaften erfordert eine kontinuierliche Weiterentwicklung der analytischen Methodik, wobei natürlich heute vollautomatisierbaren, in die Prozeßsteuerung integrierbaren Verfahren der Vorzug gegeben wird, jedoch beim jetzt erreichten Erkenntnisstand die Bedeutung rationeller diskontinuierlicher Methoden gerade zur Polymercharakterisierung keineswegs unterschätzt werden sollte. Als typisches Beispiel sei die Kettenlängenfraktionierung [9] genannt, wobei ich aus Zeitgründen

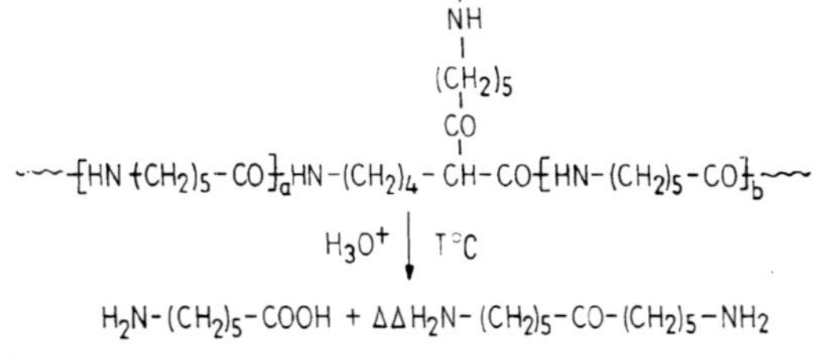

Bild 6. Struktur und Strukturaufklärung bei Carboxylgruppen-Dehydratationsanomalie

auf unsere neueren einschlägigen Arbeiten hier leider nicht eingehen kann. Neben einer chemischen Charakterisierung der Einzelkette und einer Bestimmung der mittleren Kettenlänge und ihrer Verteilung interessiert bei Spinnlösungen und Spinnschmelzen natürlich deren morphologische Homogenität, da Inhomogenitäten sich auch im fertigen Faden als diskrete Partikel manifestieren und oberhalb einer bestimmten Größe und/oder Konzentration die textilphysikalischen Eigenschaften verschlechtern können, wie von uns gemeinsam mit dem CFW Premnitz für Viskoseseide gezeigt wurde [10]. Zur quantitativen Erfassung und Klassifizierung solcher Inhomogenitäten im Ausgangspolymeren vor der Verformung und im fertigen Faden eignet sich die von *Treiber* in die Viskoseanalytik eingeführte konduktometrische Partikelzählung, deren Anwendungsbereich wir im Sinne einer Systemlösung auf Cellulose in verschiedenen Lösungsmitteln, Celluloseacetat, Polyacrylnitril und neuerdings auch auf Polyamide [11] erweiterten, wobei der Hauptaufwand an methodischer Kleinarbeit vor allem der Optimierung des Lösungsmittelsystems dienen mußte. Potentielle Verarbeitungsschwierigkeiten und Produktmängel bei dem Spinnen gelkörperhaltiger Polycaprolactamschmelzen lassen sich durch diese Impulsteilchenzählung empfindlich diagnostizieren, und wir sehen in dieser Methode ein möglicherweise allgemein anwendbares Hilfsmittel zur Erkennung thermischer bzw. thermooxydativer u. a. Schädigungen an Polymeren, wenn diese zu einer Vernetzung bzw. Vergelung in Lösung und Schmelze führen. Bild 7 veranschaulicht dies anhand der

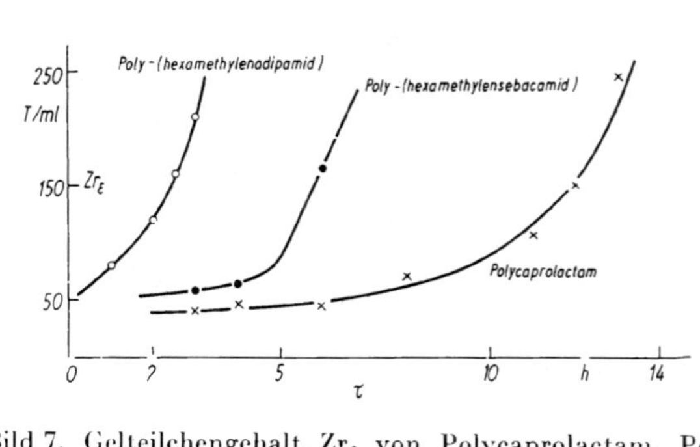

Bild 7. Gelteilchengehalt Zr_ε von Polycaprolactam, Poly-(hexamethylenadipamid) und Poly-(hexamethylensebacamid) nach Thermooxydation im Stickstoffstrom (60 ml/min, O_2-Gehalt 50 ± 1 rpm) bei 290 °C ± 0,5 grd in $HCOOH/H_2SO_4$, Granulometer TuR ZG 2: IS = 10, DS_u = 3, jS = 2^{-2}, Einwaage 0,25 g/dl

Partikelzahlen von in $HCOOH/H_2SO_4$ gelösten Polyamidproben, die bei 290°C thermooxydativ belastet wurden.

Grenzflächenprobleme

Während die vorangegangenen Beispiele zwar unserem engeren Fachgebiet entstammen, die darin aufgeworfene Problematik jedoch das Gesamtgebiet der polymeren Werkstoffe betrifft, ist die zuletzt behandelte Frage der Inhomogenitäten in Lösung und Schmelze spezifisch für die Verformung von Polymeren zu Fäden als Gebilden mit im Vergleich zur Volumenphase sehr großer Grenzfläche. Dieser Einfluß der Grenzfläche besteht gleichermaßen für die Produkteigenschaften, z. B. für die Lichtstabilität, wie für die Verarbeitbarkeit solcher Gebilde, wobei ich hier nur das Problem der Reibung herausgreifen will. Die gesamte Frage der Verarbeitbarkeit und damit der Faserreibung und ihrer Beeinflussung durch die ursprüngliche Oberflächenstruktur des Fadens, das verwendete Präparationsmittel und die Oberfläche der Fadenleitorgane gewinnt ja mit dem Übergang zu weitgehend automatisierten hochproduktiven Verfahren und immer höheren Fadenlaufgeschwindigkeiten zunehmend an Bedeutung. Davon ausgehend, daß anstelle der empirischen Testung und Optimierung von Präparationsmitteln in Zukunft auch hier die physiko-chemisch begründete Systemlösung treten wird, begannen wir vor einiger Zeit mit Reibungsmessungen zunächst an Viskosecordseiden, wobei die Frage nach der Vermittlerrolle der Präparation beim Kontakt zwischen Faden und Reibkörper im Vordergrund stand. Die Untersuchungen wurden mit elektronischen Fadenspannungsmeßköpfen durchgeführt, die eine digitale und EDV-gerechte Meßwerterfassung ermöglichten, und durch andere Methodiken (Randwinkelmessung, Bestimmung der kritischen Oberflächenspannung, Autoradiographie, Elektronenmikroskopie) sinnvoll ergänzt. Die bisher erhaltenen Schlußfolgerungen [12] lassen sich dahingehend zusammenfassen, daß 1. für die Faserreibung am Kontaktkörper im wesentlichen die Filmbildungstendenz des Präparationsmittels auf dem Reibkörper maßgebend ist (Bild 8), die vom Material des Reibkörpers abhängt, indem ein Austausch des Schmiermittels zwischen Faserstoff und Kontaktmaterial stattfindet, daß 2. auf der Faseroberfläche selbst kein geschlossener Präparationsmittelfilm zu beobachten ist, daß 3. der Einfluß der chemischen Konstitution des Präparationsmittels auf die Faserstoffschmierung nur dort ins Gewicht fällt, wo eine reaktive Bindung (Chemiesorption) an die Faserstoffoberfläche möglich ist und dabei außerdem bei festen Präparationsmitteln das Kristallisationsvermögen auf der Faseroberfläche für die Bedeckung maßgebend ist. Die hier grob umrissenen Ergebnisse konnten inzwischen für Polyamidfeinseiden bestätigt werden und erscheinen somit verallgemeinerungsfähig unter dem Gesichtspunkt „Reibung, Schmierung und Verschleiß" bei der Fadenverarbeitung.

Integration von Chemiefaserstoff-Forschung und Polymerwissenschaft

Ich habe bewußt eine verhältnismäßig breite Palette von Beispielen zu den eingangs skizzierten Trends vorgeführt, um davon ausgehend die Frage zu stellen: „Wieweit wird eine zweifellos zunehmende Integration der Chemiefaserstoff-Forschung in das Gesamtgebiet der Polymerwissenschaft in nächster Zeit gehen" oder — etwas provokatorischer formuliert —: „Werden in fünf Jahren solche Chemiefasersymposien wie dieses noch berechtigt und sinnvoll sein oder vielmehr in umfassenderen Polymertagungen aufgehen?". Ich möchte nun ohne Anspruch auf Vollständigkeit vom Standpunkt der chemischen Grundlagenforschung aus einige eigene Gedankengänge hierzu darlegen. Entscheidend ist dabei die Überlegung: „Welche Wege zur Entwicklung und Herstellung neuer Produkte auf dem Chemiefaserstoffsektor werden in Zukunft vorrangig beschritten werden?", also das konstruktive Moment der Werkstoff-Forschung, das wir gleich noch eingehender betrachten wollen.

Keineswegs zu vernachlässigen ist jedoch daneben das analytisch-methodische Moment der Polymercharakterisierung zur Gewinnung von Korrelationen zwischen Herstellungsbedingungen, Struktur und Eigenschaften, um die konstruktiven Arbeiten möglichst zielgerichtet zur Gewinnung von „Werkstoffen nach Maß" ansetzen zu können. Die Notwendigkeit einer kontinuierlichen Weiterentwicklung der chemischen

a) b) c)

Bild 8. Elektronenmikroskopische Aufnahmen eines polierten Keramikkörpers
a) hochgereinigt, b) mit Schmiermittel aus Lösung belegt,
c) mit Schmiermittel belegt durch Austausch mit dem Chemiefaserstoff beim Reibversuch

und physikalischen Charakterisierungsmethodik wird wohl von niemandem bezweifelt; umstritten ist dagegen, inwieweit eine Verselbständigung dieser methodischen Arbeitsrichtung wissenschaftlich notwendig und forschungsökonomisch vertretbar ist. Die ständig wachsenden Anlage- und Betriebskosten moderner Großgeräte, der durch die oft vorliegende Mehrdeutigkeit der Einzelaussage gerade für die Strukturforschung bestehende Zwang zur Methodenkombination und die Zweckmäßigkeit von Modellversuchen zur Bestätigung neuer theoretischer Vorstellungen fördern eine solche Verselbständigung, während umgekehrt die Vertreter der konstruktiven Richtung möglichst rasch eine auf ihre Aufgabe zugeschnittene Methodik benötigen, nicht in jedem Falle auf die verallgemeinerungsfähige, aber erst später vorliegende Lösung warten können und darum eine möglichst enge Kopplung von konstruktiver und methodisch-analytischer Arbeit fordern. Sie können dabei als zusätzliches Argument anführen, daß eine genaue Kenntnis der Vorgeschichte, eine Betrachtung des Polymeren im Gesamtprozeß der Herstellung und Verformung auch der methodischen Forschung wertvolle Impulse zu geben vermag und sie vor den beim Betrachten isolierter Einzelproben möglichen Fehlinterpretationen bewahren kann. Es liegt hier offensichtlich ein echtes Optimierungsproblem vor, zu dessen Lösung ganz eindeutig eine möglichst weitgehende Integrationen der Chemiefaserstoff-Forschung in das Gesamtgebiet der Polymerwissenschaft wesentlich beitragen kann, da nur so eine tragfähige Basis für größere methodische Gruppen geschaffen und gleichzeitig eine vielseitige Nutzung neuer methodischer Erkenntnisse gewährleistet werden kann. So kamen wir beispielsweise im Rahmen von mit verschiedenen physikalischen Methoden vorgenommenen Feinstrukturuntersuchungen zu der Erkenntnis, daß Proben des gleichen Polymeren mit sehr unterschiedlichen Röntgendiagrammen (Bild 9) keineswegs immer einen unterschiedlichen Kristallinitätsgrad aufweisen müssen. Die Streukurven lassen sich vielmehr auch so interpretieren, daß lediglich eine von Gitterstörungen oder Teilchengrößeneffekten herrührende Verbreiterung der Interferenz eine geringe Kristallinität vortäuscht [13]. Diese zunächst bei kristallisationskinetischen Untersuchungen am faserbildenden Polymeren erhaltenen Ergebnisse lassen sich dahingehend verallgemeinern, daß der Begriff des „röntgenographischen Kristallinitätsindex" als allgemein anwendbarer Strukturparameter fragwürdig ist und daß beim Tempern von teilkristallinen Thermoplasten wie Polypropylen oder Polycaproamid eher eine der „Rekristallisation" von Metallen vergleichbare Umordnung und keine eigentliche Kristallisation auftritt (Bild 10).

Nicht ganz so eindeutig läßt sich die Frage der Integration von der konstruktiven Arbeitsrichtung her beantworten.

Die zu neuen Produkten führenden Hauptlinien sind jedem von uns geläufig und aus der Literatur bekannt. Ich möchte sie hier trotzdem noch einmal zusammenfassend systematisieren als

Änderung des chemischen Baues der Kette, sowohl durch neue Monomere als auch durch nachträgliche Modifizierung einer Rückgratkette,

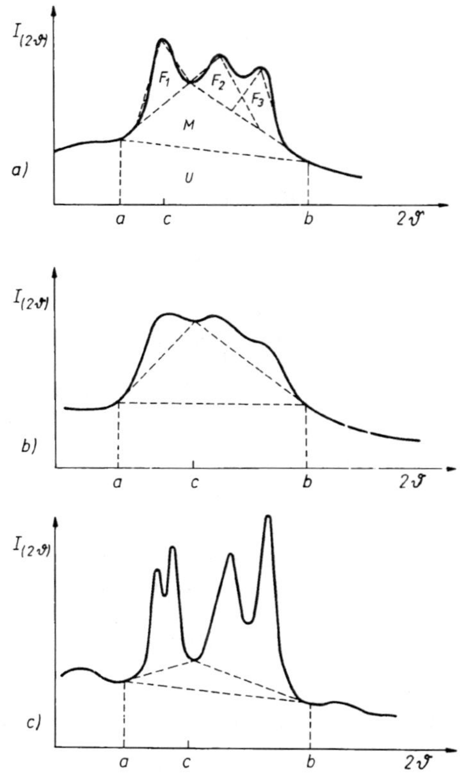

Bild 9. Zerlegung des Streudiagramms zur Bestimmung eines relativen Ordnungsgrades

Kombination verschiedener Polymerwerkstoffe miteinander,

und schließlich

Variation der übermolekularen und morphologischen Struktur beim Spinnprozeß und den nachfolgenden Arbeitsgängen, etwa in Form einer anschließenden Texturierung, wobei ich hier auch Flächenbildungsverfahren wie etwa die Vervliesung mit einschließen will.

Der zuerst genannte Weg steht in engem Zusammenhang mit dem viel diskutierten Problem, ob für die Zukunft von der rein stofflichen Seite her noch neue Massenfaserstoffe zu erwarten sind, oder ob sich der Einsatz neuer Polymerer auf Faserstoffe für spezielle Zwecke beschränken wird. Da andere Vorträge unseres

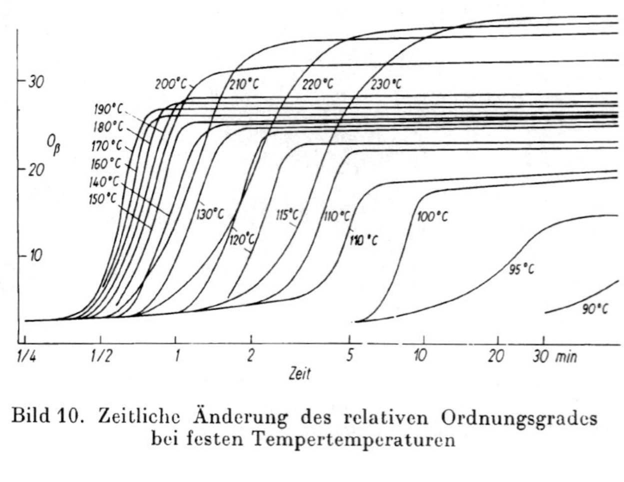

Bild 10. Zeitliche Änderung des relativen Ordnungsgrades bei festen Tempertemperaturen

Symposiums diese Fragestellung „neue Massenfasern" berühren werden, möchte ich jetzt hier nicht vorgreifen und nur darauf hinweisen, daß ein ausschließliches Begehen dieses Weges der „neuen Polymeren" eine volle Integration im oben formulierten Sinne bedeuten würde, während eine nachträgliche Modifizierung in viel stärkerem Maße faserstoff- bzw. textilproduktspezifische Aufgabenstellungen auch für die Grundlagenforschung mit sich bringt und eher zu einer wissenschaftlichen Durchdringung von Textilveredlung und Färberei auf breiter Basis und deren Ausbau zu einem selbständigen Teilgebiet als zu einer Integration führen könnte. Eine Kombination von Polymeren wird sowohl innerhalb eines textilen Gebildes, etwa in Form von Bikomponentenfäden, Matrixfibrillenfäden und aus Cellulose und Synthetiks aufgebauten Vliesstoffen, als auch in Form von Faser/Plast-Kombinationen im vor uns liegenden Zeitraum an Bedeutung gewinnen und gerade hier Chemiefaser- und Plastindustrie enger zusammenführen. Die zuletzt genannten Richtungen benötigen einerseits eine immer engere Verbindung zur Polymerfestkörperphysik, um aus deren Grundlagenerkenntnissen neue technologische Lösungswege abzuleiten, verwischen aber andererseits die Grenzen zwischen Chemiefaser- und Textilindustrie und z. T. zur Papierindustrie, auch für die industriezweigspezifische Forschung, in zunehmendem Maße.

Dieser weltweit sich abzeichnende Trend einer wachsenden Verflechtung von Chemiefaser- und Textiltechnologie ist begleitet von einem sich allmählich anbahnenden Umdenken hinsichtlich der Beziehung zwischen Ausgangspolymeren und textilem Endprodukt. Während in der Vergangenheit ein bestimmtes, technologisch und ökonomisch günstig erscheinendes Polymeres zu Fäden verformt der Textilindustrie angeboten wurde und es dann im wesentlichen deren Aufgabe war, für dieses vorgegebene Material geeignete Verarbeitungstechnologien und Einsatzgebiete zu finden, ermöglicht der heutige Erkenntnisstand der Polymerwissenschaft in steigendem Umfange auch den umgekehrten Weg, indem aus den verschiedensten Wirtschaftszweigen vom Endprodukt her bestimmte Forderungen an den textilen Konstruktionswerkstoff „Faserpolymere" gestellt und auf Basis des Erkenntnisvorlaufs einer breit angelegten Grundlagenforschung realisiert werden. Die Entwicklung der „QIANA"-Faser oder der „CHINON-Faser" sei als Beispiel hierfür genannt. Man könnte sich so eine künftige Textilarchitektur als Kombination von angewandter Polymerwissenschaft und -technologie, Modeschöpfung und Bekleidungsphysiologie vorstellen, und ich möchte meine eigene subjektive Meinung dahingehend zusammenfassen, daß die Chemiefaserstoff-Forschung in Zukunft kein abgegrenztes selbständiges Wissenschaftsgebiet mehr darstellen wird, aber dennoch ihre spezifische Aufgabenstellung zu erfüllen hat im Sinne einer aktiven Vermittlerrolle zwischen Polymerwissenschaft und Textiltechnologie.

Literatur

[1] *Klare, H.*, und *Gröbe, A.:* Untersuchungen über den Bildungsmechanismus von Viskosefäden in Abwesenheit und bei Gegenwart von Modifikatoren. Österr. Chemiker-Ztg. **65** (1964) 7, S. 218–230.

[2] *Klare, H.*, *Gröbe, A.*, *Maron, R.*, *Jost, H.*, *Purz, H.-J.*, *Gensrich, H.-J.*, und *Paul, D.:* Möglichkeiten der Strukturbildung von Celluloseregeneratfäden. Abh. dt. Akad. Wiss. Berlin, Kl. f. Chemie, Geologie u. Biologie (1965)3, S. 133–140.
Gröbe, A., u. Mitarb.: Strukturuntersuchungen an Celluloseregeneratfasern, Chemiefasern **20** (1970) 2, S. 134–140.

[3] *Gröbe, V.*, und *Reichert, H.:* Fasern aus Acrylnitril Allylsulfonat-Copolymerisaten. Faserforsch. u. Textiltechnik **16** (1965) 7, S. 340–348.

[4] *Dautzenberg, H.*, und *Philipp, B.:* Untersuchungen zur Kinetik und Mechanismus der Homogenreaktionen im Viskoseprozeß. Chim. Volokna (Chem. Fasern) (1971) in Vorbereitung.

[5] *Philipp, B.*, *Dautzenberg, H.*, und *Schmiga, W.:* Zur Kinetik der Xanthogenatbildung und -zersetzung bei einigen niedermolekularen Alkoholen und einfachen Zuckern. Teil II. Ergebnisse zur Xanthogenatzersetzung und zusammenfassende Diskussion. Faserforsch. u. Textiltechnik **20** (1968) 4, S. 179–184.

[6] *Zimmermann, H.*, und *Leibnitz, E.:* Chemische Untersuchungen über faserbildende Polyester. II. Modellversuche zum thermischen Abbau von Polyäthylenterephthalat. Faserforsch. u. Textiltechnik **16** (1965) 6, S. 282–290.

[7] *Zimmermann, H.*, und *Schaaf, E.:* Derivatographic investigation of the oxidative thermal decomposition of polyethylene terephthalate. Proceedings of the III. Analytical Chemical Conference. Budapest: Akadĕmiai Kiadó 1970, S. 329–334.
Zimmermann, H., und *Schaaf, E.:* Untersuchungen zum thermooxydativen Abbau von Polyäthylenterephthalat. Faserforsch. u. Textiltechnik **22** (1971) 5, im Druck.

[8] *Reinisch, G.:* Melt polycondensation reactions. Polimery, Warszawa **15** (1970) 8, S. 382–387.
Reinisch, G.: Reaktionsmaßanalytik der Polycaprolactambildung. Habilitationsschrift Martin-Luther-Universität Halle–Wittenberg, 1970.

[9] *Reinisch, G.*, *Rafler, G.*, und *Timofeeva, G. I.:* Selektivitätsuntersuchungen an einer Zweischichtfraktionierung von Polyäthylenterephthalat. Angew. makromol. Chemie, Basel **7** (1969) 81, S. 110–120.

[10] *Arnold, A.*, *Philipp, B.*, und *Schleicher, H.:* Über Zusammenhänge zwischen dem Partikelspektrum von Viskosespinnlösungen und der Teilchenzahl von EWNN-Lösungen daraus hergestellter Celluloseregeneratfäden. Faserforsch. u. Textiltechnik **21** (1970) 9, S. 361–366.

[11] *Reinisch, G.*, *Jaeger, W.*, und *Jakob, W.:* Quantitative Teilchenanalyse in Polycaprolactamlösungen. Faserforsch. u. Textiltechnik **20** (1969) S. 152–154.
Jaeger, W., *Jakob, W.*, und *Reinisch, G.:* Gelteilchenbestimmungen in Polycaprolactamlösungen. Faserforsch. u. Textiltechnik **21** (1970) 12, S. 529–536.
Jakob, W.: Zur konduktometrischen Impulsteilchenzählung an Polyamiden. Dissertation, DAW zu Berlin, Forschungsbereich Chemie, 1970.

[12] *Schmiedeknecht, H. H.*, und *Goebel, K.-H.:* Zu einigen Problemen der Faserreibung. Reprint 18. Ungarische Textiltechn. Konferenz, Budapest 1970.
Schmiedeknecht, H. H.: Tribochemische Reaktionen an Chemiefaserstoffen. Vortrag 12. Internat. Symposium „Schmierungstechnik", Leipzig 1970.
Goebel, K.-H., und *Schmiedeknecht, H. H.:* Einige Besonderheiten bei der Faserstoffschmierung. Vortrag 11. Internat. Symposium. Schmierstoffe, Schmierungs- und Lagertechnik, Magdeburg 1969. Schmierungstechnik **2** (1971) im Druck.

[13] *Teichgräber, M.*, und *Schilling, B.:* Die übermolekulare Struktur hochpolymerer Verbindungen. Teil VI: Quantitativer Nachweis von Linienverbreiterungen im Röntgendiffraktogramm von Polypropylen. Faserforsch. u. Textiltechnik **20** (1969) 4, S. 163–169.
Teil VII: Röntgendiffraktometrische Bestimmung eines absoluten Kristallinitätsgrades an Polypropylen mittels eines Fourierverfahrens. Faserforsch. u. Textiltechnik **20** (1969) 5, S. 242–248.

Eingegangen am 4. Dezember 1970

Physikalische Probleme bei der Einwirkung ultravioletter und sichtbarer Strahlung auf synthetische Faserstoffe[1]

Siegfried Kaufmann

Mitteilung aus dem VEB Chemiefaserkombinat Schwarza, „Wilhelm Pieck", Rudolstadt-Schwarza

DK 677.4:[677.016.26:535.668.8]:677.017.424.2:677.019.36

Die Probleme der natürlichen und künstlichen Bestrahlung sowie die Probleme der Stabilisierung von Polyester- und Polyamidseide bezüglich der Reißkraft werden behandelt. Bei Viskosefasern wird die Weißgradänderung beschrieben.

Физические проблемы при воздействии ультрафиолетового и видимого излучений на синтетические волокна

Рассматриваются проблемы влияния излучения в естественных и искусственных условиях на полиэфирные и полиамидные волокна, а также вопросы стабилизации этих волокон для повышения сохранения прочности. В случае вискозных волокон для оценки воздействия излучения служит изменение белизны волокон.

Physical Problems of the Effect of Ultraviolet and Visible Radiation on Synthetic Fibres

The problems involved in the natural and artificial irradiation as well as in the stabilization of polyester and polyamide filament yarns are considered with respect to the breaking strength. The changes in brightness of viscose fibres are described.

1. Einleitung

Von der methodischen Seite geht die Physik in vielen Fällen phänomenologisch, statistisch oder molekular an die Lösung eines Problems heran. In der vorliegenden Arbeit sollen mit diesen Methoden die Probleme der natürlichen und künstlichen Bestrahlung sowie die der Stabilisierung von synthetischen Faserstoffen behandelt werden. Als Indikator wird bei den Polyamid- und Polyesterseiden (PA- und PE-S) die Reißkraft bzw. der f_B-Wert verwendet. Nach *Winkler* [48] stellt der f_B-Wert das Verhältnis der Reißkraft nach der Bestrahlung zur Ausgangsreißkraft dar. Wir haben früher die Bezeichnung p oder B (Beständigkeit der Reißkraft gegenüber der Strahlungseinwirkung) gewählt [13, 17]. Bei den zusätzlich zu den synthetischen Faserstoffen untersuchten Viskosefasern (VI-F) wird als Indikator der Weißgrad benutzt. Möglichkeiten zur Lösung der Probleme werden angegeben. Zuvor werden die Bezeichnungen mitgeteilt und anschließend in einer Einführung in das Gebiet der Alterung die Grundlagen der Strahlungseinwirkung behandelt.

2. Bezeichnungen

$\alpha_{\lambda_i} \cos i$	=	Mittlerer, spektraler Absorptionsgrad des Faserstoffes
b	=	Konstante
$C_u(\lambda)$	=	Massenkonzentration des UV-Absorbers
d	=	Durchmesser des zylindrischen Fadens
δ	=	Deklination der Sonne an einem Bestrahlungsort
$\varepsilon_u(\lambda)$	=	Spektraler, natürlicher Extinktionskoeffizient des UV-Absorbers
E_λ	=	Spektrale Bestrahlungsstärke
f_B	=	Bestrahlungs- oder Belichtungs-Reißkraft-Verhältnis (Rest-Reißkraft-Verhältnis nach der Bestrahlung)
φ	=	Geographische Breite eines Bestrahlungsortes
h	=	Sonnenhöhe an einem Bestrahlungsort
H_λ	=	Spektrale Bestrahlung
I_λ	=	Spektrale Intensität der einfallenden Strahlung
k	=	Konstante
λ	=	Wellenlänge der einfallenden Strahlung
m/F	=	Flächenmasse des UV-Absorbers
m_{TiO_2}	=	Spektraler, natürlicher Extinktionsmodul von Titandioxid
nh	=	Normalbleichstunde
PA-S	=	Polyamidseide
PE-S	=	Polyesterseide
P_{max}	=	Reißkraft
ϱ	=	Dichte des Faserstoffes
Sh	=	Sonnenscheinstunde
t	=	Bestrahlungsdauer
τ_λ	=	Spektraler Transmissionsgrad
Vw_λ	=	Spektrales Wirkungsvolumen des Faserstoffes
VI-F	=	Viskosefaser
W	=	Weißgrad nach *Stephansen*
η	=	Wirkungsgrad von Titandioxid beim Filtereffekt

[1]) Vorgetragen auf dem 3. Internationalen Chemiefasersymposium in Dresden am 2. Dezember 1970.

3. Grundlagen der Strahlungseinwirkung

Im Bild 1 sind die inneren und äußeren Einflüsse, die zur Alterung (Gebiet der irreversiblen Prozesse) führen, zusammengestellt. Daraus ist zu erkennen, daß die Veränderung einer Eigenschaft eines Faserstoffes die Folge von sehr verschiedenen Einflüssen sein kann. Aber allein die Strahlungseinwirkung, deren Stellung im Gebiet der Alterung ebenfalls aus Bild 1 zu entnehmen ist, ergibt schon Vorgänge im Faserstoff, die sehr komplex ablaufen. Die wichtigsten molekularen Vorgänge bei der Strahlungseinwirkung auf Faserstoffe (ohne Fremdsubstanzen) sind im Bild 2 zusammengefaßt. Zunächst muß das Quant (oder das Photon) in den Faserstoff eindringen. Entspricht seine Energie einer möglichen Energiedifferenz des Moleküls, dann erfolgt die Absorption. Im anderen Fall, d. h. wenn die Energie des Quantes nicht einer Energiedifferenz des Moleküls entspricht, nennt man den Vorgang Streuung, die hier nicht weiter interessiert. Ist nach erfolgter Absorption die Energie des Quantes kleiner als die Energie einer Molekülbindung, so erfolgt nur eine Anregung. Für den umgekehrten Fall ergibt sich nach der Anregung die Dissoziation; als Beispiel ist ein zweiatomiges Molekül angegeben. (Die Ionisierung spielt dagegen bei Lichtquanten keine Rolle, sondern nur bei Röntgen- und Gammaquanten.)

Ist weiterhin die Lebensdauer des angeregten Zustandes groß gegen die Desaktivierungszeit, dann entsteht aus der absorbierten Energie *Wärme.* Im umgekehrten Fall (und zusätzlich geringer Beweglichkeit) liegt *Lumineszenz* (Fluoreszenz oder Phosphoreszenz) vor.

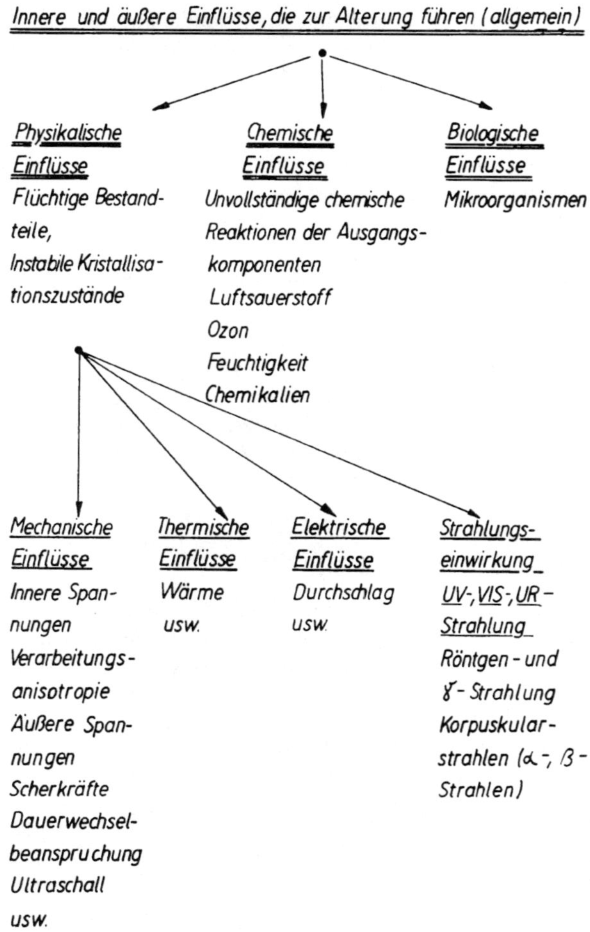

Bild 1. Innere und äußere Einflüsse, die zur Alterung führen

Wenn aber das Molekül während der Anregungszeit in die Reaktion eintritt, spricht man von einer *photochemischen Reaktion.*

Die Dissoziation führt andererseits direkt zur statistischen Kettenspaltung.

Launer und *Wilson* gebührt das Verdienst, diese Verhältnisse an Cellulosehydratfolien zum ersten Mal geklärt zu haben [22].

Egerton bezeichnete die direkte statistische Kettenspaltung ohne O_2 oder H_2O_2 durch Quanten der Energie $h\nu > E_{\text{Molekülbindung}}$ als *Photolyse* [6].

Die Spaltung der Ketten durch die absorbierten Quanten ($h\nu < E_{\text{Mol.-B.}}$) in Anwesenheit von O_2 oder H_2O_2 nannte *Egerton Photooxydation* [6].

Sippel hat darüber hinaus in zahlreichen grundlegenden Arbeiten dargelegt, daß die Ursache der Verringerung der *Reißkraft* nicht einfach eine Kettenspaltung ist, sondern daß vor allen Dingen die *Kristallitbrücken* (KB) gespalten werden. (Als KB wird das Molekül angesehen, das gleichzeitig in zwei benachbarten Kristalliten enthalten ist und diese verbindet [30 bis 42]).

Neben dem Abbau, d. h. der Spaltung der Kristallitbrücken, kann die Photolyse oder die Photooxydation auch eine Farbänderung bewirken, die sich z. B. in einer Weißgrad-Änderung bemerkbar machen kann.

Noch komplizierter wird das Gebiet, wenn die wichtigsten *Parameter* der Strahlungseinwirkung berücksichtigt werden (das sind die Eigenschaften, die die Strahlungseinwirkung prägen bzw. beeinflussen).

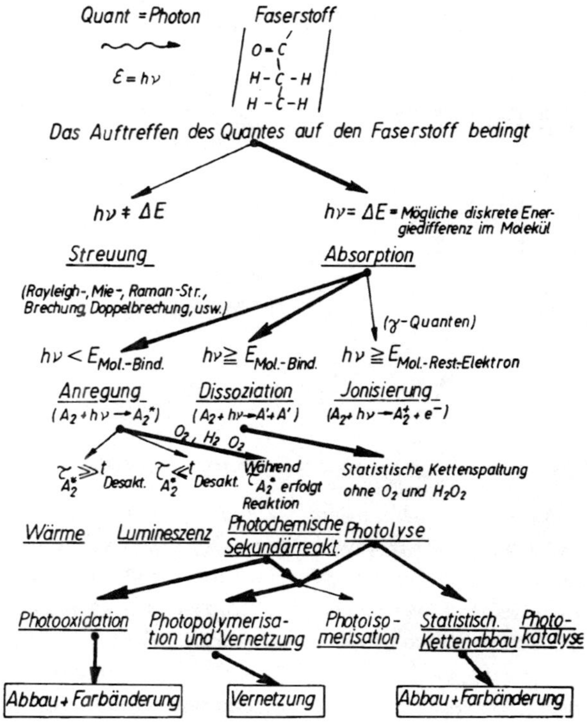

Bild 2. Molekulare Vorgänge bei der Strahlungseinwirkung auf Faserstoffe

Als *innere* Parameter können z. B. die chemische Konstitution, Konfiguration und Konformation, die übermolekulare Struktur, Oligomere und Fremdstoffe genannt werden.

Als *äußere* Parameter seien die Wellenlänge und die spektrale Intensität der Strahlung, die Bestrahlungsdauer, die Temperatur, Feuchte usw. angegeben.

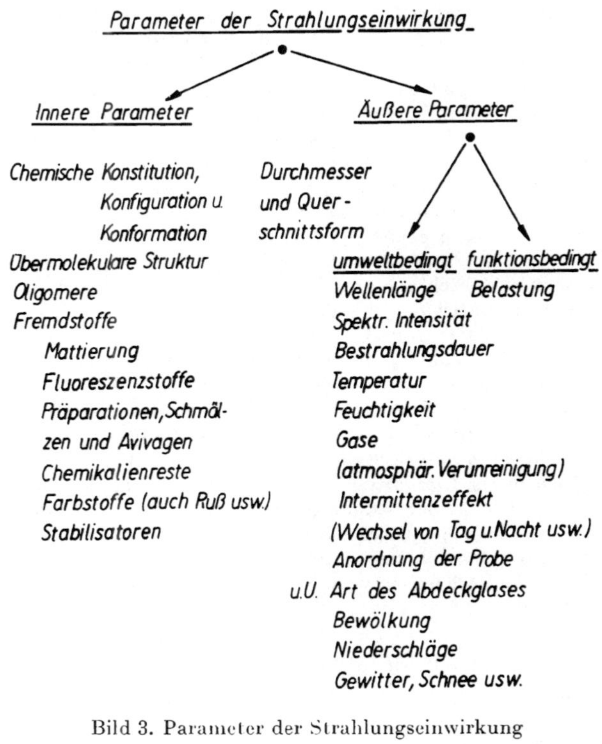

Bild 3. Parameter der Strahlungseinwirkung

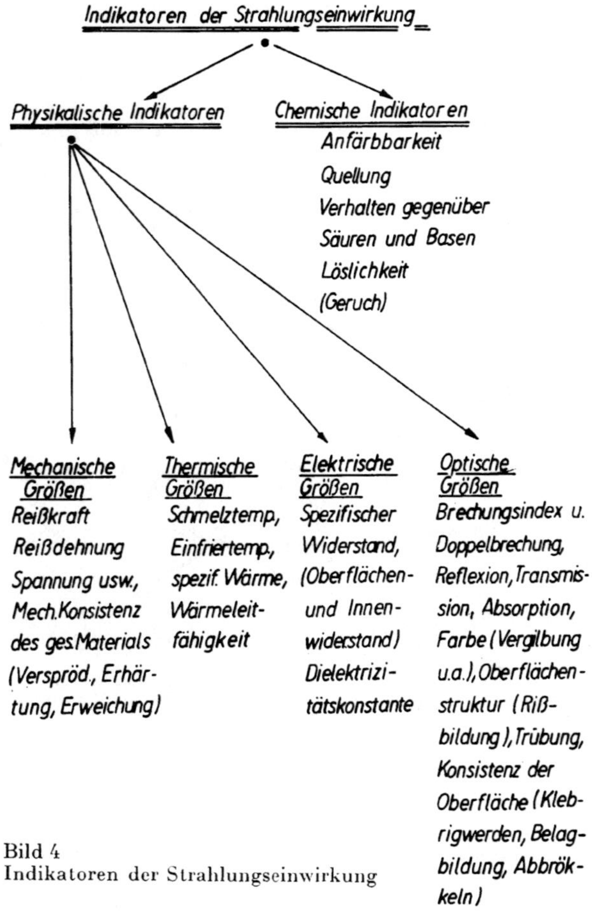

Bild 4
Indikatoren der Strahlungseinwirkung

Die inneren und äußeren Parameter sind im Bild 3 angegeben. Bei gegebener Wellenlänge und spektraler Intensität ist natürlich zunächst die *chemische Konstitution* ausschlaggebend. Da z. B. PVY und PVC im reinsten Zustand im Spektrum zwischen 300 und 400 nm (das ist der UV-Teil des Sonnenspektrums) keine absorbierenden Gruppen besitzen, müßten sie extrem stabil sein gegenüber der Strahlungseinwirkung. Wegen der immer vorhandenen Verunreinigungen wird dieser Fall praktisch nicht erreicht. Andererseits müßten PE und PA viel weniger stabil sein, da sie die stark absorbierenden C=O-Gruppen enthalten. —

Die geschilderten molekularen Vorgänge wirken sich unter Berücksichtigung der o. g. Parameter in sehr verschiedener Weise auf die *Indikatoren* aus. Die Indikatoren sind hierbei die makroskopischen Eigenschaften des Faserstoffes, die die Strahlungseinwirkung charakterisieren. Es ist z. B. schnell einzusehen, daß sich die Spaltung einer Kristallitbrücke viel stärker auf die Änderung der Reißkraft als auf die Änderung des Polymerisationsgrades auswirkt.

Einige Indikatoren sind im Bild 4 zusammengestellt worden. Von diesen Indikatoren interessieren für die folgenden Betrachtungen nur die Reißkraft und der Weißgrad.

Nach dieser Einführung in die allgemeinen Begriffe und die Vorgänge bei der Strahlungseinwirkung können jetzt die speziellen Probleme behandelt werden. Da für die Praxis der natürliche Bestrahlungsversuch hinter Fensterglas eine wesentliche Rolle spielt, werden zunächst diese Probleme behandelt.

4. *Probleme der natürlichen Bestrahlung hinter Fensterglas*

Ein Problem bei der Durchführung von Versuchen mit natürlicher Strahlung (Sonnen- und Himmelsstrahlung) ist die Festlegung von Standardbedingungen. *Winkler* hat die wichtigsten Einflußgrößen bei der natürlichen Bestrahlung hinter Fensterglas angegeben [48], vgl. auch Bild 3:

Jahreszeit,
Bewölkung,
einfallende Strahlungsmenge,
Temperatur,
relative Luftfeuchte,
atmosphärische Verunreinigungen,
verwendetes Abdeckglas,
Art der Bestrahlungskästen und
Anordnung der Prüflinge.

Nachfolgend sollen zu diesen Größen die Möglichkeiten der Standardisierung genannt werden. Die Festlegung der Bedingungen für den Bestrahlungsversuch ist bei den drei letztgenannten Größen am wenigsten problematisch.

4.1. *Anordnung der Prüflinge*

Beschränkt man sich auf Proben, die hinter Fensterglas ausgelegt sind, so wird im allgemeinen dazu ausgeführt, z. B. [44], daß *die optimale Neigung der Probenfläche* zur Erzielung einer maximalen Bestrahlung an einem bestimmten Punkt zur Mittagszeit auf der Nordhalbkugel gleich der geographischen Breite dieses Ortes sein soll, wobei die Flächennormale in der Meridianebene nach Süden zeigt.

Hierzu muß bemerkt werden, daß bei Berücksichtigung des täglichen und jahreszeitlichen Verlaufes der Sonnen- und Himmelsstrahlung der Neigungswinkel etwas kleiner wird. Wir haben solche Berechnungen durchgeführt. Die Verringerung beträgt allerdings nur einige Grad. Bei einer geographischen Breite von 50° sind also nicht 50° Neigung der Probe optimal, sondern 45 bis 46°. Dazu sei noch folgendes ausgeführt:

Sind zylindrische Fäden so angeordnet, daß ihre Zylinderachse die Ost-West-Achse enthält, dann ist zur Mittagszeit (unabhängig von der Jahreszeit) die Bestrahlungsstärke nur durch die Sonnenhöhe, *nicht* aber durch die Neigung des Probenrahmens bedingt (wenn die etwas veränderten Absorptionsbedingungen für das Fensterglas nicht berücksichtigt werden).

4.2. *Art der Bestrahlungskästen, Abdeckglas, Temperatur und relative Luftfeuchte*

Für die spätere Auswertung des Versuches ist es günstig, das *Abdeckglas* bzw. Fensterglas vor und nach der Bestrahlung spektral zu vermessen, um dessen Änderung zu erfassen. Nach *Sippel* [32] hängt z. B. der spektrale Transmissionsgrad sehr stark vom Eisengehalt des Glases ab.

Zur einfacheren Deutung der Versuche an *einem* Ort ist es angebracht, die *Temperatur* und die *Feuchte* (die vielleicht in etwa dem Jahresmittel entsprechen sollte) konstant zu halten. Das ist leider nicht einfach durchzuführen, die Forderung sollte jedoch erhoben werden. Noch besser wäre es natürlich, wenn in parallel zueinander durchzuführenden Versuchen verschiedene Temperaturen eingestellt werden könnten.

Nach bisherigen Erfahrungen lassen sich für die Klimatisierung auch *Bestrahlungshäuser* verwenden.

4.3. Einfallende Strahlungsmenge und Bewölkung.

Die einfallende Strahlungsmenge und die Bewölkung lassen sich natürlich nicht festlegen. Sie sind für einen bestimmten Ort spezifisch und müssen gemessen werden. Die sauberste *Erfassung der einfallenden Strahlung* wäre durch die *Messung der spektralen Bestrahlung* ($\int E_\lambda\, dt$) *bei allen Wellenlängen* garantiert. Da z. Z. noch wenig Geräte angeboten werden, die eine Registrierung der sich laufend verändernden spektralen Verteilung gestatten, begnügen sich viele Bestrahlungsstationen mit der Angabe von *Sonnenscheinstunden* (*Sh*) [4, 23], *Globalstrahlungsmessungen* (Sonnen- und Himmelsstrahlung, bezogen auf die horizontale Fläche), *Gesamtbestrahlungsmessungen* (Sonnen- und Himmelsstrahlung, z. B. bezogen auf die Faserstoff-Fläche [2, 7]), *Normalbleichstunden* [44, 48], *Luxstunden* und *Fadenstandards* [38, 48].

Eine Sonnenscheinstunde entspricht der einstündigen Bestrahlung des Faserstoffes mit einer Bestrahlungsstärke von größer als 0,823 cal/cm²min [47]. In Mitteleuropa werden jährlich 1500 bis 1700 Sh registriert. Es wird angegeben, daß bei der alleinigen Erfassung der Sh ca. 13% der natürlichen Strahlung unberücksichtigt bleiben [47].

Etwas besser wird die gesamte Strahlung durch die Messung der Globalstrahlung *G* erfaßt. In Mitteleuropa werden jährlich ca. 85000 cal/cm² gemessen (z. B. im Potsdam). *Friele* gibt für die Niederlande 80000 cal/cm² an [7]. Für Basel werden 74000 cal/cm² genannt [2].

Eine spezielle Bestrahlungsmessung stellt die von Sommer [43, 44] definierte Normalbleichstunde (nh) dar. Eine nh ist die während einer Stunde Sonnenbestrahlung bei völlig wolkenlosem und klarem Himmel im Juni zwischen 11 und 14 Uhr in Berlin senkrecht zur Ebene des Blaupapiers einfallende Strahlungsmenge. In diese Definition geht die spektrale Empfindlichkeitsverteilung des Blaupapiers stark ein. Jährlich werden größenordnungsmäßig 10^3 nh registriert (siehe unten).

Nicht ganz so aussagekräftig ist dagegen die Erfassung der Luxstunden (lux h), weil das Maximum der Empfindlichkeit vielfach zu stark von dem der Faserstoffe abweicht. Dagegen kann für Ausbleichvorgänge die lux h-Bestimmung durchaus brauchbare Resultate liefern. Jährlich werden ca. 10^8 lux h registriert [7]. Bedenkt man, daß im Juni in der Mittagszeit die Beleuchtungsstärke ca. 10^5 lux beträgt [7], dann ergeben sich jährlich die o. g. 10^3 nh als erste Abschätzung (1 cal/cm² = 1 ly $\approx$ 1,25 k lux h [1]).

Einen direkten Vergleich nicht nur mit der einfallenden, sondern auch mit der absorbierten Strahlung, lassen die von *Sippel* angeführten Fadenstandards zu [38]. Entsprechen die f_B-Werte der Fadenstandards der Funktion

$$f_B = e^{-kt}, \tag{1}$$

dann stellt *kt* ein Maß für die absorbierte und wirksame Strahlungsmenge dar (Beeinflussung durch die Abmessungen des Fadens, das Wirkungsvolumen usw.).

Über weitere Meßgrößen und deren Erfassung vgl. z. B. [1, 2].

Inwieweit einige dieser Größen an *einem* Ort miteinander verglichen werden können, zeigt Bild 5.

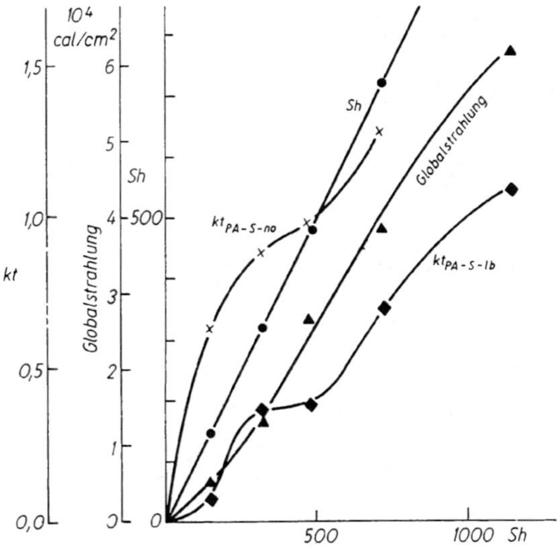

Bild 5. Verschiedene Bestrahlungsgrößen pro Bestrahlungsstufe im Vergleich zu den Sonnenscheinstunden für den Raum Schwarza (1967)

PA-S-no: 6,67 tex(12), kxs, m, nicht stabilisiert
PA-S-lb: 6,67 tex(12), kxs, m, mittelmäßig stabilisiert

Während die Globalstrahlung, die mit einem Destillationspyranometer gemessen wurde, ziemlich gut mit den Sh korreliert, scheinen dies die Fadenstandards nicht ganz so zu tun.

Die Ursache für die erstgenannte relativ gute Korrelation ist vielleicht in der relativen Unempfindlichkeit des Destillationspyranometers gegenüber der UV-Strahlung zu suchen, die ja eigentlich mit der Tages- und Jahreszeit sehr stark schwankt.

Hierbei spielt die Abhängigkeit der spektralen Bestrahlungsstärke von der Sonnenhöhe *h* eine große Rolle, die ihrerseits von der *geographischen Breite* φ, *der Deklination* δ (jahreszeitlicher Gang) und der Tageszeit *t* abhängt [24], d. h.

$$h = h(\varphi, \delta, t). \tag{2}$$

Außerdem ist die spektrale Bestrahlungsstärke von der *Höhe* des Bestrahlungsortes *über dem Meeresspiegel* abhängig [24].

Die Auswirkung der geographischen Breite auf den Zusammenhang zwischen dem f_B-Wert und der Sonnenscheindauer zeigt Bild 6. Während Schwarza auf einer geographischen Breite von ca. 51° liegt, beträgt sie für Havanna 23°. Außerdem sind die Temperaturunterschiede zu beachten (Schwarza: 20 °C, Havanna: 42 °C). Zieht man aber die PE-S zum Vergleich heran, die sicher nicht so temperaturanfällig ist wie die PA-S bezüglich des Reißkraftabfalles, dann kann man aus Bild 6 entnehmen, daß in Schwarza ca. 1450 Sh für einen f_B-Wert von 40% benötigt werden, während in Kuba 750 Sh die gleiche Wirkung erzielen. Die *stärkere Änderung der Sh* für einen f_B-Wert der PE-S von 40% gegenüber der PA-S-lb(m) beim Vergleich von Schwarza und Havanna liegt sicher an der stärkeren Abhängigkeit der UV-B-Strahlung ($280 < \lambda/\text{nm} < 320$) gegenüber der UV-A-Strahlung ($320 < \lambda/\text{nm} < 400$) von der Sonnenhöhe [24].

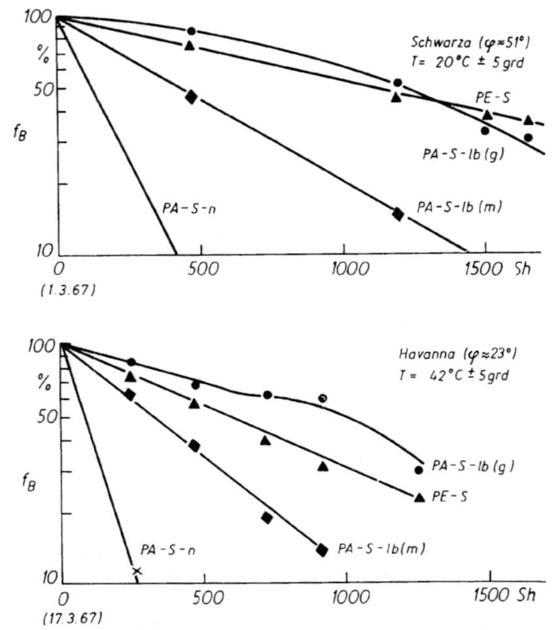

Bild 6. Rest-Reißkraft-Verhältnis f_B verschiedener synthetischer Seiden nach natürlicher Bestrahlung hinter Fensterglas in Schwarza und Havanna
PE-S-8,3 tex(24), kxs, m
PA-S-lb-6 tex(9), rs, m, gut stabilisiert
PA-S-lb-6,67 tex(12), kxs, m, mittelmäßig stabilisiert
PA-S-6,67 tex(12), kxs, m, nicht stabilisiert

Aber auch an einem *bestimmten* Ort ist die Wirkung der Sh von der Tages- und Jahreszeit abhängig.

In abgeschwächter Form gilt dies ebenfalls für die Globalstrahlung. —

Demgegenüber sind die Fadenstandards zur Erfassung der Bestrahlungsbedingungen dann gut geeignet, wenn Fäden gleicher spektraler Empfindlichkeit vorliegen, z. B. verschiedene Polyamide *oder* verschiedene Polyester. Werden aber Polyamide und Polyester gemeinsam bestrahlt, dann muß berücksichtigt werden, daß z. B. PA-S mehr temperaturanfällig ist als PE-S. Weiterhin ist PA-S bereits bei 360 nm empfindlich, während Quanten dieser Wellenlängen bei PE-S nur eine geringe Wirkung haben.

Die *spektrale Messung* ist andererseits genauso problematisch wie die globale, weil sich mit φ, δ, t und der Höhe über dem Meeresspiegel nicht nur die absolute spektrale Bestrahlungsstärke ändert, sondern auch deren Verteilung [24, 29]. Im Sommer schwankt z. B. die Lage der kürzesten Wellenlänge von morgens bis abends um 20 nm, von Juli bis Dezember um 12 nm [24]. Bei Bedeckung ändert sich die UV-Strahlung weniger stark als die sichtbare Strahlung, während die Luftverschmutzung über den Großstädten alle Wellenlängen im Sonnenspektrum gleichmäßig schwächt [24]. Außerdem hängt die Schwerpunktwellenlänge sehr stark vom Indikator sowie den äußeren und inneren Parametern ab. Die Schwerpunktwellenlänge von PA-S bezüglich der Reißkraft liegt z. B. im fernen UV, während die Schwerpunktwellenlänge der Weißgradzunahme von VIF bei 425 nm liegt [13, 19] [2]). Folgende andere Wellenlängen sind weiterhin bekanntgeworden: Polyester 313 nm [28], Polyäthylen 300 nm, Polypropylen 370 nm, PVC 310 nm und Polystyrol 318 nm [47].

[2]) Gilt für intensitäts- bzw. energiereiches Spektrum.

Wie erhält man aber für einen Bestrahlungsort ein repräsentatives Ergebnis?

Bei der Lösung dieses Problems muß davon ausgegangen werden, daß wenigstens einigermaßen reproduzierbare, absolute und relative spektrale Verteilungen der Bestrahlungsstärke von Bestrahlungsstufe zu Bestrahlungsstufe vorliegen müssen. Wird daran gedacht, daß sich zwar innerhalb eines Jahres große Schwankungen ergeben, daß sich aber von einem Jahr zum anderen immer ähnliche spektrale Verteilungen einstellen, die sich nur mehr oder weniger in ihrer absoluten Höhe unterscheiden, dann sollte aus diesem Grund *die kleinste Bestrahlungsstufe für stabile Faserstoffe bei natürlichen Bestrahlungen ein Jahr betragen. Die Vorgabe der Sh oder der Gesamtbestrahlung berücksichtigt dabei die Intensitätsunterschiede von Jahr zu Jahr* (bei gleichzeitig definierter Temperatur, relativer Luftfeuchte und definiertem Fensterglas).

Für *besonders strahlungsempfindliche Proben* kann man natürlich einen *bestimmten Abschnitt des Jahres* wählen (z. B. Mai, Juni, Juli). Die Verschmutzung der Proben könnte durch gleichzeitige Reflexionsgradmessungen erfaßt werden.

Für eine bestimmte halbmatte PE-S mit 24 Elementarfäden wurde 1967 nach einem Jahr Bestrahlung in Schwarza ein f_B-Wert von 35% gefunden (Bild 6), während 1968 mit 18 Elementarfäden 27% ermittelt wurden (Bild 9).

Wegen der verschiedenen spektralen Verteilungen an sehr unterschiedlichen Orten (verschiedener geograph. Breite, siehe oben) und veränderten Klimabedingungen schwanken „natürlich" die f_B-Werte von Ort zu Ort, wie dies *Clibbens* im Falle der Bewetterung für Großbritannien getan hat [4].

Diese Betrachtungen schließen den Fall nicht aus, daß es auch Faserstoffe gibt, die sich z. B. bei gleicher Gesamtbestrahlung *im Sommer und im Winter gleich verhalten.* Aber das muß im Einzelfall immer erst nachgeprüft werden. Die *kleinste Bestrahlungsstufe* kann dann auch bei stabilen Faserstoffen *kleiner als ein Jahr* gewählt werden.

Winkler versucht, die o. g. Schwierigkeiten durch gleichzeitige Erfassung der Normalbleichstunden auszugleichen und gibt dazu folgende Beziehung an ([48], vgl. auch [16]):

$$f_B = e^{-kt^b}. \tag{3}$$

Thinius bemerkt für die Bestrahlung von Plasten allgemein, daß die natürliche Bewetterung immer noch die sicherste Aussagegrundlage für die Beurteilung der Alterung ist [46]. Und deshalb ist es besonders wichtig, wenn hierfür geeignete Kriterien aufgestellt werden.

5. *Probleme der künstlichen Bestrahlung*

Für die Entwicklung neuer Produkte, für die Produktionskontrolle und für Gütefestlegungen dauert die natürliche Bestrahlung zu lange. Für diese Aufgabe ist eine künstliche Kurzzeitbestrahlung unerläßlich. Die natürliche Bestrahlung dient dann praktisch nur noch zur Festlegung der Bedingungen des Kurzzeit-Verfahrens. Bisher haben sich die ursprünglich für Farbechtheitsprüfungen entwickelten Xenotest-Geräte 150 und 450 der Quarzlampengesellschaft Hanau bewährt, z. B. [7, 9].

Es gibt aber Fälle, in denen große Abweichungen vorkommen. Die *künstliche Bestrahlung* im Xenotest 150 ergab für den

f_B-Wert von PA-S-Ib-(m) 93%, für den
f_B-Wert von PE-S 85%, d. h.

$$(f_B)_{\text{PA-(m)}} > (f_B)_{\text{PE}}. \qquad (4)$$

(m = mittelmäßig stabilisiert) [18].

Die einjährige *natürliche Bestrahlung* derselben Seiden ergab für

PA-S-Ib-(m) < 10% und für
PE-S 35%, d. h.

im Gegensatz zu oben ist jetzt

$$(f_B)_{\text{PA-(m)}} < (f_B)_{\text{PE}}. \qquad (5)$$

Die Ergebnisse von künstlicher und natürlicher Strahlung sind also völlig widersprüchlich.

In zahlreichen Versuchen konnten langperiodische Intermittenzeffekte, Abweichungen im UV, katalytische Wirkungen der UR-Strahlung und Polarisationseffekte ausgeschlossen werden. Man kommt zu dem Schluß, *daß die o. g. Diskrepanz das Ergebnis eines Intensitätseffektes ist.*

Man muß davon ausgehen, daß bei Sonneneinstrahlung sowohl für PA-S als auch für PE-S die Geschwindigkeiten des Primär- und des Sekundärprozesses in einem bestimmten Verhältnis zueinander stehen. Der langsamste Vorgang bestimmt im allgemeinen die Geschwindigkeit des Gesamtprozesses. Bei sehr großen Bestrahlungsstärken, wie sie im Xenotest 150 oder 450 auftreten, wird die Geschwindigkeit des Primärprozesses stark erhöht.

Wird dabei die Geschwindigkeit des Sekundärprozesses durch andere Faktoren nicht mit erhöht, so erhöht sich die Geschwindigkeit des Gesamtprozesses nicht entsprechend der gesteigerten Geschwindigkeit des Primärprozesses.

Dies trifft offenbar für die verwendete PA-S-Ib-(m) zu. *Die entsprechende Temperatursteigerung zur Vermeidung des eben geschilderten Effektes erreicht man z. B. durch schwarze Samtunterlagen.* Die Versuchsergebnisse sind bereits mitgeteilt worden [18].

6. *Probleme der Stabilisierung*

Die Probleme der natürlichen und künstlichen Bestrahlung sind letztlich eine Prüfangelegenheit. *Ein weit wichtigeres Problem ist das der Stabilisierung.*

Von der physikalischen und besonders der statistischen Seite läßt sich die Stabilisierung im Bereich der Photolyse einigermaßen überschauen.

Statistische Kettenspaltung vorausgesetzt, ergibt sich auf Grund der Treffertheorie für den f_B-Wert folgender Ausdruck [3, 12, 13, 14]:

$$f_B = \frac{P_{\max, B}}{P_{\max, o}} = \prod_{\lambda} f_{B_\lambda} = e^{-\sum\limits_{\lambda} I_\lambda t \, \frac{\overline{2\alpha_{\lambda_i} \cos i}}{d} V_{w_\lambda}}. \qquad (6)$$

Welche Möglichkeiten der Stabilisierung der Reißkraft gegenüber der Strahlungseinwirkung gibt es nach der angegebenen Gleichung? Das heißt, durch welche Maßnahmen kann der f_B-Wert und damit die Reißkraft nach der Bestrahlung vergrößert werden?

6.1. *Der Durchmesser*

Mit der Zunahme des *Durchmessers* nimmt nach Gleichung (6) der f_B-Wert zu. Dies gilt natürlich nur für große Durchmesser, d. h. groß gegen den Kehrwert des Extinktionsmoduls. Für kleine Durchmesser ist er unabhängig vom Durchmesser [13].

6.2. *Das spektrale Wirkungsvolumen*

Das *spektrale Wirkungsvolumen* ist natürlich recht wenig zu beeinflussen. Es ist ja gerade so groß, daß beim Eintreffen eines Quantes in dieses Volumen auch eine Kristallitbrücke getroffen wird. Nimmt man an, daß sich die absorbierte Quantenenergie in der Nähe der Absorptionsstelle auswirkt, dann erhält man theoretisch ein Volumen von ca. (20 bis 50) Å³ (Å = Angström = 10^{-8} cm). Für den Fall, daß der Wirkungsmechanismus an die Anwesenheit von Kristalliten gebunden ist, beträgt die Größenordnung des Volumens ca. 10^5 Å³.

Die experimentell bestimmten Wirkungsvolumina sind auf den Bildern 7 und 8 zu sehen. Im Bild 7 ist deutlich zu erkennen, daß das spektrale Wirkungsvolumen von PA nach dem UV, d. h. nach kleineren Wellenlängen, zunimmt. Wenn auch die Werte stark schwanken, so ist doch zu erkennen, daß die Größenordnung bei 5 bis 10 Å³ liegt (Für die drei Wellenlängen 244, 314 und 369 nm von [45] wurden die spektralen natürlichen Extinktionsmoduli $3{,}5 \cdot 10^2$, 46 und $5{,}8 \text{ cm}^{-1}$ verwendet [15]).

Bei PE-S deutet sich ein Maximum bei 300 nm an, wie dies im Bild 8 zu sehen ist. Die obere Kurve sind wieder entsprechend umgerechnete Meßergebnisse von *Stephenson*, die andere Kurve stellt eigene Ergebnisse dar. Die Größenordnung liegt hier bei 2 Å³ (Für 244

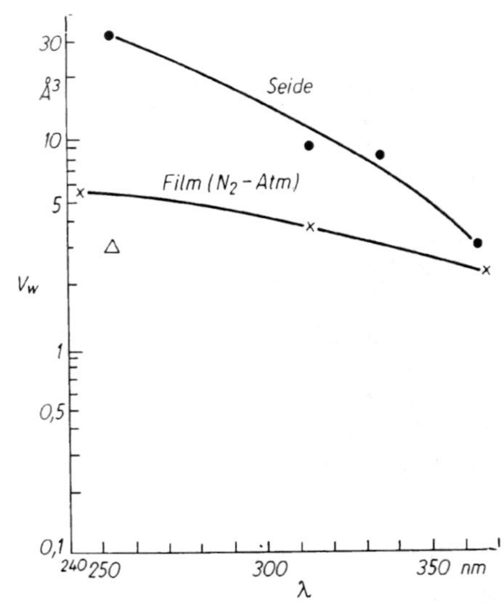

Bild 7. Spektrale Wirkungsvolumina für PA-gl nach Angaben verschiedener Autoren
•–•–• [13] x–x–x [45] △ [27]

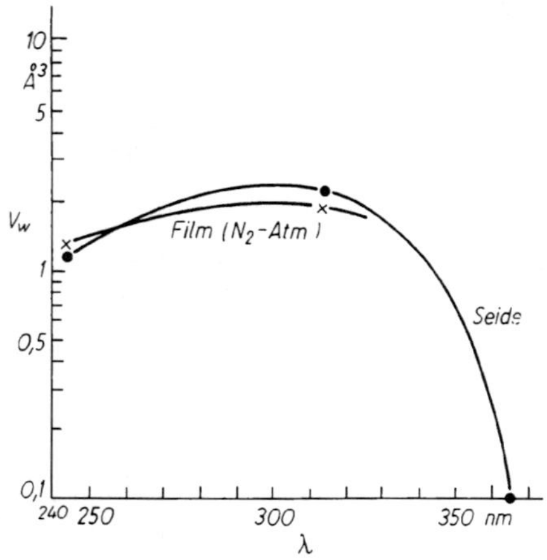

Bild 8. Spektrale Wirkungsvolumina für PE-gl nach Angaben verschiedener Autoren
•–•–• Eigene Messungen ×–×–× [45]

und 314 nm von [45] wurden die Werte $2{,}3 \cdot 10^3$ und $4{,}6 \cdot 10^2\ \mathrm{cm}^{-1}$ verwendet [15]).

Diese Ergebnisse bedeuten, daß *die Energie der Strahlung in der Nähe der Absorptionsstelle zur Wirkung kommt* oder nur über einige Atome weitergeleitet wird, um dann eine entsprechende Anregung auszulösen. Danach können also *Treffer im nichtkristallinen Teil des Faserstoffes den Abbau ermöglichen.*

Andererseits kann angenommen werden, daß Treffer in den Kristalliten mit einer Wahrscheinlichkeit von klein gegen 1 zur Wirkung kommen.

Reinisch und *Jaeger* haben dieses Ergebnis indirekt bestätigt, indem sie den Abbau von ungereckten und gereckten PA-Seiden gleicher Feinheit verglichen haben [26]. *Sippel* kommt zu anderen Schlußfolgerungen auf Grund der Messung der Quantenausbeute von Celluloseacetat-Filmen [21, 34, 35]. Nach *Sippel* ist es unbedingt nötig, daß die in den Kristalliten absorbierten Quanten oder Photonen in die amorphen Bereiche weitergeleitet werden, weil die von ihm bestimmte Quantenausbeute bei 1 liegt. In der Original-Literatur werden 0,45 und $2 \times 0{,}79$ angegeben, das bedeutet einen Mittelwert von 0,677 [34].

Nun beträgt aber der Ordnungsgrad von Regeneratcellulose ca. 0,4, d. h. der nichtkristalline Anteil liegt bei 0,6. Der Mittelwert der von *Sippel* bestimmten Quantenausbeute liegt also in der gleichen Größenordnung wie der nichtkristalline Anteil, so daß damit eine gewisse Annäherung der Standpunkte erreicht wäre. Es kann natürlich der Einwand gemacht werden, daß die Wirkungsvolumina bei Cellulose tatsächlich viel größer sind als bei PA-S oder PE-S. Aus den eigenen Messungen von *Sippel* berechnet sich das spektrale Wirkungsvolumen von Celluloseacetatfilmen für 254 nm zu ca. 900 Å³ [34]. Damit ist das Wirkungsvolumen von Celluloseacetat größer als das von PA-S oder PE-S, aber die Kristallite liegen in ihren Abmessungen bei um 2 bis 3 Zehnerpotenzen größeren Werten als das angegebene Wirkungsvolumen.

6.3. Der Absorptionsgrad und die Bestrahlungsdauer

Neben dem Wirkungsvolumen führt auch die Verringerung des *Absorptionsgrades* und der *Bestrahlungsdauer* zur Erhöhung der Restreißkraft.

Im ersten Fall ist man an den Faserstoff und dessen Verunreinigungen gebunden. Bezüglich der Bestrahlungsdauer läßt sich eigentlich nur bei technischen Textilien etwas machen. Zum Beispiel kann bei Autosicherheitsgurten durch eine entsprechende Ummantelung $t = 0$, d. h. $f_B = 1$ erreicht werden [13].

6.4 Die spektrale Intensität

Von praktischer Bedeutung ist jedoch die Verminderung der *Intensität* der einfallenden Strahlung.

Man kann auf den Faserstoff einen *UV-Absorber* bringen, der auf jeden Fall eine Abschirmung bewirkt. In den meisten Fällen verwendet man dazu Salicylate, Benzophenone oder Benztriazole [8]. Es wurde eine Abschätzung vorgenommen, um die für einen zu forderndn f_B-Wert (f_{B_r}) notwendige Konzentration des UV-Absorbers zu bestimmen. Die Näherungsbeziehung ergibt sich für die Schwerpunktwellenlänge aus Gleichung (6) zu

$$C_u(\lambda) = \frac{4}{\varrho\, d\, \varepsilon_u(\lambda)} \ln \frac{\ln \dfrac{1}{f_B}}{\ln \dfrac{1}{f_{B_r}}}. \tag{7}$$

Die Konzentration des UV-Absorbers hängt nach Gleichung (7) sehr stark vom Durchmesser d des Faserstoffes und natürlich auch vom spektralen Extinktionskoeffizienten des UV-Absorbers ab. Der Wert f_B ist der unstabilisierten Seide zugeordnet, f_{B_r} der stabilisierten Seide.

Angenommen, man hat eine 15 µm dicke PE-S und fordert nach einem Jahr einen f_{B_r}-Wert von 53%, während die unstabilisierte PE-S nach einem Jahr nur noch 38% besitzt, dann erhält man bei Anwendung der Konstanten des Absorbers Uvinul D50 und der angegebenen Beziehung für 340 nm eine Konzentration von 1,5%. Von *Okoniewski* werden für PE-S ähnliche Größenordnungen genannt (z. B. 3%) [25]. Für so dünne Fäden ist das Verfahren nicht sehr wirtschaftlich. Erst bei 68 µm erhält man 0,33% Absorberkonzentration. Die günstigste Anwendung stellen natürlich dicke Folien dar, wobei nach der angegebenen Beziehung wirklich sehr kleine Konzentrationen ermittelt werden, wie dies von *Gysling* und *Heller* aus experimentellen Daten auch angegeben wird [8].

Bei Folien interessiert insbesondere die Flächenmasse des UV-Absorbers, die sich ähnlich wie Gleichung (7) aus Gleichung (6) zu

$$\frac{m}{F} = \frac{1}{\varepsilon_u(\lambda)} \ln \frac{\ln \dfrac{1}{f_B}}{\ln \dfrac{1}{f_{B_r}}} \tag{8}$$

ergibt.

Bei diesen Ableitungen sind die in der Literatur diskutierten Energieleitungsmechanismen bei Anwesenheit von UV-Absorbern und die synergistischen Effekte noch nicht berücksichtigt worden [5, 20].

Danach ist die stabilisierende Wirkung um ein Vielfaches größer als die auf Grund der alleinigen Wirkung des Filtereffektes, wenn der Stabilisator eine hohe Absorption im Bereich der Polymerfluoreszenz hat.

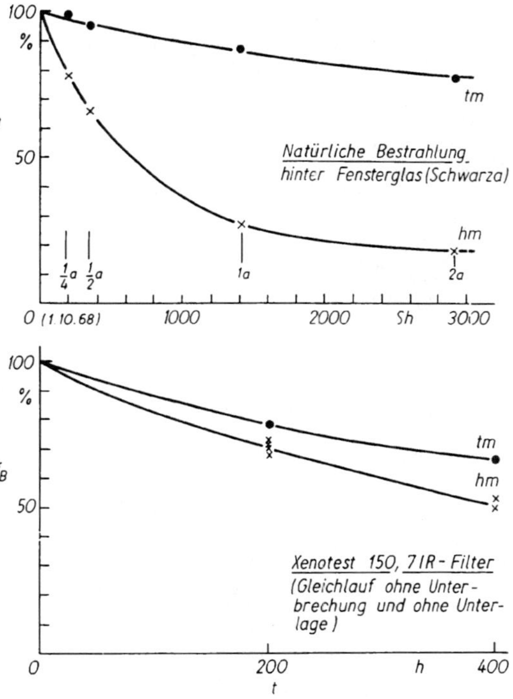

Bild 9. f_B-Werte von PE-S 5 tex(18) mit verschiedenem TiO_2-Gehalt nach unterschiedlicher Bestrahlung (tm $\triangleq$ 1,45%, hm $\triangleq$ 0,6% TiO_2)

Noch günstiger wirkt der Stabilisator, wenn er zusätzlich den Triplett- als auch den darüberliegenden Singulettzustand der Carbonylgruppe desaktivieren kann [5, 20].

Ähnliche Wirkungen wie die UV-Absorber hat *Titandioxid* bei PE-S in einem Konzentrationsbereich von 0,6 bis 2%. Im Bild 9 sind die f_B-Werte von PE-S-5 tex(18) mit verschiedenem TiO_2-Gehalt nach unterschiedlicher Bestrahlung dargestellt. Sowohl bei natürlicher als auch bei künstlicher Bestrahlung ist die tiefmatte PE-S immer stabiler als die halbmatte (entsprechend dem TiO_2-Gehalt von 1,45 und 0,6%). Die Vorgänge kann man mit der Treffertheorie analysieren [17]:

Man kann sich vorstellen, daß das Titandioxid einerseits eine Verringerung der Intensität bewirkt, die man durch τ_λ beschreiben kann, wobei $\tau_\lambda = e^{-n m_{TiO_2} d}$ ist. In [17] ist τ_λ für $\eta = 1$ angegeben. Andererseits wird durch das TiO_2 das spektrale Wirkungsvolumen erhöht, gekennzeichnet durch den Stern am $V_{w\lambda}$.

Der Faserstoff wird also gleichzeitig sensibilisiert:

$$f_{B\lambda} = e^{-\tau_\lambda I_\lambda A \frac{2a_{\lambda_i}\cos i}{d} V^*_{w\lambda}} \tag{9}$$

Mit der TiO_2-Konzentration nimmt der spektrale Extinktionsmodul zu, das bedeutet Abnahme von τ_λ und Zunahme von $V^*_{w\lambda}$. Insgesamt wird sich ein Minimum der f_B-Werte in Abhängigkeit von der TiO_2-Konzentration ergeben. In dem Bereich, in dem $V^*_{w\lambda}$ näherungsweise konstant ist, ergibt sich dann $f_B \sim m_{TiO_2}$, wie das experimentell gezeigt werden konnte [17]. $\eta_{dek.}$ ergibt sich auf Grund der künstlichen Bestrahlung zu ca. 86%, während es nach natürlicher Bestrahlung ca. 200% beträgt.

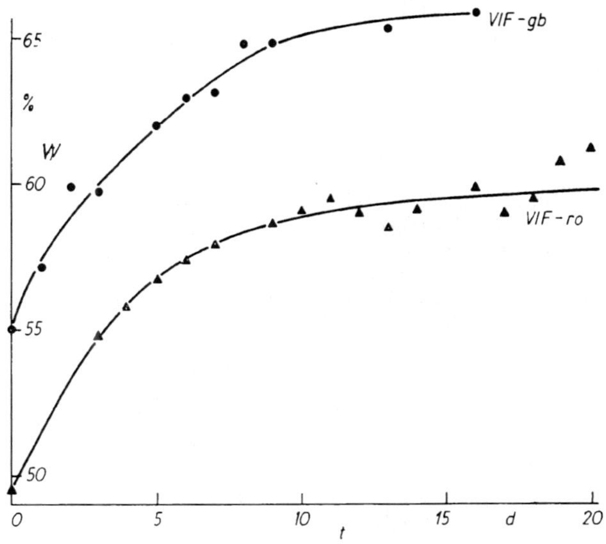

Bild 10. Natürliche Bestrahlung von VI-F-wt-0,31 tex-mt-Prov.: Gl. hinter Fensterglas (Neigung 45°, gegen Süden)

7. *Weißgradänderung durch spektrale Bestrahlung*

Abschließend soll noch ein Problem genannt werden, das nicht mit der Abnahme einer Eigenschaft, z. B. der Reißkraft, zusammenhängt, sondern mit der Zunahme. Es handelt sich um die Weißgraderhöhung von Viskosefasern durch Bestrahlung.

Im Bild 10 ist der grundsätzliche Effekt dargestellt. Der Weißgrad nimmt ziemlich stark mit der Bestrahlungsdauer, die hier einfach in Tagen angegeben wurde, zu. Rohe und gebleichte VI-Fasern unterscheiden sich nur in ihrer absoluten Höhe, die Tendenz ist die gleiche. Um diesen Effekt zu analysieren, wurde spektral die Kinetik des Vorganges untersucht und außerdem die spektrale Empfindlichkeit der VI-Fasern ermittelt [10, 11, 19]. Im Bild 11 ist der relative spektrale Verlauf der anfänglichen Weißgradänderung von VIF bei Einwirkung von Quanten des energiegleichen Spektrums dargestellt. Der besondere Effekt liegt darin, daß bei $\lambda_G = 325$ nm ein Nulldurchgang existiert. Quanten mit Wellenlängen $\lambda > \lambda_G$ erhöhen den Weißgrad, Quanten mit Wellenlängen $\lambda < \lambda_G$ erniedrigen den Weißgrad. Man spricht im letzten Fall

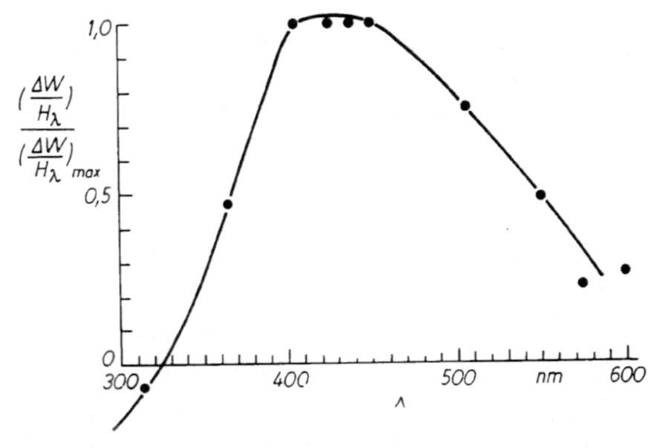

Bild 11. Relativer spektraler Verlauf der anfänglichen Weißgradänderung von VI-F bei Einwirkung von Quanten des energiegleichen Spektrums

von einer Vergilbung. Ein wirksamer Schutz gegen diese Weißgradänderungen haben entsprechend Bild 11 z. B. Rotfilter, die nur eine minimale Weißgradänderung zulassen.

8. *Zusammenfassung*

8.1. Es werden die allgemeinen *Grundlagen der Strahlungseinwirkung* beschrieben.
Insbesondere werden die inneren und äußeren Einflüsse, die zur Alterung führen, die molekularen Vorgänge bei der Strahlungseinwirkung, die Parameter und die Indikatoren der Strahlungseinwirkung behandelt.

8.2. Bei der Festlegung von Standardbedingungen für die *natürliche Bestrahlung* ist zur Erreichung eines repräsentativen Ergebnisses (an einem bestimmten Bestrahlungsort) als kleinste Bestrahlungsstufe ein Jahr zu wählen, wobei Intensitätsunterschiede durch gleichzeitige Vorgabe z. B. einer bestimmten Zahl von Sonnenscheinstunden oder der Gesamtbestrahlung berücksichtigt werden. Für detailliertere Untersuchungen ist die Angabe der spektralen Bestrahlung wichtig. Für besondere strahlungsempfindliche Proben kann ein bestimmter Abschnitt des Jahres gewählt werden. Die Betrachtungen schließen den Fall nicht aus, daß es auch Faserstoffe gibt, die sich bei gleicher Gesamtbestrahlung im Sommer und im Winter gleich verhalten (Vorteil: Kürzere Bestrahlungsdauer). Dies muß im Einzelfall immer erst nachgeprüft werden. Die anderen Einflußgrößen werden angeführt. Zum f_B-Wert einer Probe gehören danach der Bestrahlungsort, die Bestrahlungsdauer (Anfangsdatum), eine Bestrahlungsgröße (*Sh* Gesamtbestrahlung o. ä.), Temperatur, Feuchtigkeit, Art des Abdeckglases und Lage der Probe.

8.3. Es wird gezeigt, daß sich die verschiedenen Bestrahlungs-Reißkraft-Verhältnisse (f_B-Werte) verschiedener Faserstoffe, die unter verschiedenen Bedingungen bestrahlt werden, vergleichen lassen, wenn dafür gesorgt wird, daß sich das Geschwindigkeitsverhältnis der Primärreaktion zur Sekundärreaktion nicht wesentlich ändert (Vergleich von *künstlicher* und *natürlicher* Bestrahlung), z. B. durch *schwarze Samtunterlagen.*

8.4. Die Energie der *Strahlung kommt in der Nähe der Absorptionsstelle zur Wirkung* oder sie wird über einige Atome weitergeleitet, um dann eine entsprechende Anregung auszulösen. Treffer in den Kristalliten kommen nur mit einer Wahrscheinlichkeit von klein gegen 1 zur Wirkung.

8.5. Für Polyesterseide wird gezeigt, daß man die *Konzentration* des *UV-Absorbers* bestimmen kann, wenn ein bestimmtes Bestrahlungs-Reißkraft-Verhältnis (f_{B_r}) gefordert wird. Auch die *Filterwirkung des Titandioxides* läßt sich auf die Abnahme der Intensität (Filtereffekt) zurückführen.

8.6. Die Weißgradänderung von Viskosefasern wird von der spektralen Seite aus untersucht.

Literatur

[1] *Brunnschweiler, E.:* Prüfung der Lichtechtheit — Lichtmessungen. SVF-Fachorgan **19** (1964) 7, S. 521—535.
[2] *Brunnschweiler, E.:* Prüfung der Lichtechtheit — Lichtmessungen, 2. Teil. Textilveredlung **1** (1966) 3, S. 125—130.
[3] *Clement, A., Dittmann, H., Henkel, H., Kaufmann, S. Lochmüller, O.,* und *Wiesener, E.:* Faserphysikalische Arbeiten zur Qualitätsentwicklung. Mitt. Inst. Textiltechnol. Chemiefasern Rudolstadt **8** (1964) 2/3, S. 116—144.
[4] *Clibbens, D. A.:* The weathering of cotton, nylon and terylene fabrics in the United Kingdom. Textile Inst. Ind. **6** (1968) 1, S. 20—21.
[5] *Guillet, J. E., Dhanraj, J., Golemba, F. J.,* und *Hartley, G. H.:* Grundlegende Prozesse des Photoabbaues von Polymeren (franz.). Rev. gen. Caoutchuc Plastiques **46** (1969) 1, S. 83—88.
[6] *Egerton, G. S.:* Textile materials: Photochemical degradation mechanism. J. Soc. Dyers Colourists **65** (1949) S. 764—777.
[7] *Friele, L. F. C.:* A comparative study of natural and xenotest exposure conditions for measuring fading and degradation. J. Soc. Dyers Colourists **79** (1963) 12, S. 623—631.
[8] *Gysling, H.,* und *Heller, H. J.:* UV-Absorber als Kunststoff-Stabilisatoren. Kunststoffe **51** (1961) 1, S. 13—17.
[9] *Haufglöckner, H.,* und *Woebcken, W.:* Zeitraffendes Prüfen und Bewerten der Licht- und Alterungsbeständigkeit von Kunststoffen nach Bestrahlen mit dem Xenostrahler. Kunststoffe **60** (1970) 6, S. 391—397.
[10] *Kaufmann, S.:* Farbänderung belichteter Zellwolle. Teil. I. II. Mitt. Inst. Textiltechnol. Chemiefasern Rudolstadt **5** (1961) 3, S. 134—143; S. 144—147.
[11] *Kaufmann, S.:* Farbänderung belichteter Cellulose. Optik **19** (1962) 1, S. 56—66.
[12] *Kaufmann, S.:* Die Anwendung biophysikalischer Gesetzmäßigkeiten bei der Bestrahlung von Polyamidfasern mit ultrabiolettem Licht. Mitt.-Bl. Biophysikal. Ges. DDR (1964) 13.
[13] *Kaufmann, S.:* Die spektrale Strahlungseinwirkung auf die Reißspannung von Faserstoffen. Faserforsch. u. Textiltechnik **15** (1964) 8, S. 358—367.
[14] *Kaufmann, S.:* Die Messung der Strahlungsempfindlichkeit von linearen Hochpolymeren mit einem angepaßten Photoempfänger. Optik **21** (1964) 10, S. 541—545.
[15] *Kaufmann, S.:* Mikrophotometrische Messungen an Fasern. Acta histochem. **22** (1965) S. 205—208.
[16] *Kaufmann, S.:* Treffertheoretische Analyse der Ergebnisse von Bestrahlungsversuchen mit ultravioletter und sichtbarer Strahlung. Faserforsch. u. Textiltechnik **20** (1969) 2, S. 101—102.
[17] *Kaufmann, S.:* Filterwirkung von Titandioxid während der Strahlungseinwirkung auf Polyesterseide. Faserforsch. u. Textiltechnik **20** (1969) 3, S. 149—151.
[18] *Kaufmann, S.:* Zur Korrelation zwischen den Ergebnissen von natürlicher und künstlicher Bestrahlung von Syntheseseiden bezüglich der Reißkraft. Faserforsch. u. Textiltechnik **21** (1970) 7, S. 304—305.
[19] *Kaufmann, S.:* Weißgrad-Änderung von Viskosefasern durch spektrale Bestrahlung. I. Teil: Experimente. II. Teil: Anwendungen. III. Teil: Kinetik der Weißgrad-Änderung. Faserforsch. u. Textiltechnik **22** (1971) im Druck.
[20] *Klöpfer, W.:* Neuere Vorstellungen über den Mechanismus der UV-Stabilisierung von Kunststoffen. Kunststoffe **60** (1970) 6, S. 385—388.
[21] *Krässig, H.,* und *Sippel, A.:* Der Einfluß von Morphologie und Feinstruktur von Fasern auf die mechanischen Eigenschaften und das Verhalten beim Abbau. Chemiefasern (1969) 7, S. 540—547; 8, S. 612—616.
[22] *Launer, H. F.,* und *Wilson, W. K.:* Die Photochemie der Zellulose. J. amer. chem. Soc. **71** (1949) S. 958—961.
[23] *Lünenschloß, J.:* Der Einfluß der Bewetterung auf die Eigenschaften der verschiedenen textilen Faserstoffe. Teil I. II. III. IV. V. Textil-Praxis **15** (1960) 9, S. 931—939; 10, S. 1011—1017; 11, S. 1146—1150; 12, S. 1283—1289; **16** (1961) 1, S. 51—56.
[24] *Meyer, A. G.,* und *Seitz, E. O.:* Ultraviolette Strahlen. Berlin: de Gruyter 1949.
[25] *Okoniewski, M.:* Methoden zur Erhöhung der Lichtbeständigkeit von ungefärbten und gefärbten Synthesefaserstoffen. Dt. Textiltechnik **18** (1968) 7, S. 434—439.
[26] *Reinisch, G.,* und *Jaeger, W.:* Zum Einfluß der Verstreckung auf den photochemischen Abbau von Polycaprolactam-Experimentalfäden. Faserforsch. u. Textiltechnik **19** (1968) 8, S. 363—365.
[27] *Schwemmer, M.:* Über den photochemischen Abbau von Polyamidfasern. Textil-Rdsch. **11** (1956) 1, S. 1—15; 2, S. 70—82; 3, S. 131—136.

[28] *Schultz, A. R.*, und *Leaky, S. M.*: Die Bestimmung der aktiven Wellenlänge bei der Spaltung von PE durch Licht. J. appl. Polymer Sci. **5** (1961) 13, S. 64—66.
[29] *Singleton, R. W.*, *Kunkel, R. K.*, und *Spragne, B. S.*: Factors influencing the evaluation of actinic degradation of fibers. Textile Res. J. **35** (1965) 3, S. 228—237.
[30] *Sippel, A.*: Die Veränderung von Reißfestigkeit und Polymerisationsgrad bei Kunstfasern durch Bestrahlung und der Zusammenhang dieser Erscheinungen mit dem molekularen Feinbau, insbesondere bei Cellulose(derivaten). Kolloid-Z. **112** (1949) 2/3, S. 80—84.
[31] *Sippel, A.*: Die Bestimmung des Kristallitbrückenanteils in makromolekularen Kunstfasern. Kolloid-Z. **113** (1949) 2, S. 74—82.
[32] *Sippel, A.*: Chemiefasern und Licht. Melliand-Textilber. **32** (1951) 3, S. 205—209.
[33] *Sippel, A.*: Wie vermeidet man Schädigung von Textilfasern durch Sonnenlicht? Textil-Praxis **7** (1952) 3, S. 220—223.
[34] *Sippel, A.*: Die Theorie der Photolyse von Textilfasern. Melliand-Textilber. **33** (1952) 7, S. 645—649.
[35] *Sippel, A.*: Photolyse der Textilfasern und Faserfeinbau. Kolloid-Z. **127** (1852) 2/3, S. 79—82.
[36] *Sippel, A.*: Photochemie der Textilfasern, Weg zur Faserforschung und Faserverbesserung. Faserforsch. und Textiltechnik **3** (1952) 6, S. 211—213.
[37] *Sippel, A.*: Zur Frage des Nachweises, der Messung und der Verhütung von Faserschädigung infolge Sonnenbestrahlung. Reyon, Zellwolle, andere Chemiefasern **31** (1953) S. 494—499.
[38] *Sippel, A.*: Zur Frage der Wahl eines Vergleichsmaßstabes für die Prüfung der Lichtbeständigkeit von Chemiefasern. Textil-Praxis **10** (1955) 7, S. 679—684.
[39] *Sippel, A.*: Faserfeinbau und Beständigkeit der Chemiefasern gegen Wärme bzw. Röntgenstrahlung. Textil-Praxis **10** (1955) 11, S. 1131—1133.
[40] *Sippel, A.*: Gesetzmäßigkeiten beim Abbau von Textilfasern durch energiereiche Strahlung und Wärme. Melliand Textilber. **38** (1957) 8, S. 898—904.
[41] *Sippel, A.*: Natürliche und künstliche Alterung von hochpolymeren Stoffen in Faserform. Kunststoffe **49** (1959) 11, S. 626—631.
[42] *Sippel, A.*: Zum Problem der Alterung. Melliand-Textilber. **41** (1961) 11, S. 1386—1391.
[43] *Sommer, H.*: Beiträge zur Lichtechtheitsprüfung von Färbungen. Monatsschrift f. Textilind. (1931) 1 bis 8, S. 25—289.
[44] *Sommer, H.*, und *Winkler, F.*: Die Prüfung der Textilien. In *Siebel, E.*: Handbuch der Werkstoffprüfung, V. Band. Berlin/Göttingen/Heidelberg: Springer 1960.
[45] *Stephenson, C. V.*, *Moses, B. C.*, *Burks, R. E.*, *Coburn, J. R.*, and *Wilcox, W. S.*: Ultraviolett irradiation of plastics. I. II. III. IV. J. Polymer Sci. **55** (1961) S. 451—464; S. 465—475; S. 477—488; **57** (1963) S. 2741—2752.
[46] *Thinius, K.*: Zum Problem der Alterung hochpolymerer Werkstoffe. Forschungen u. Fortschritte **37** (1963) 11, S. 330—334.
[47] *Voigt, J.*: Die Stabilisierung der Kunststoffe gegen Licht und Wärme. Berlin/Heidelberg/New York: Springer 1966.
[48] *Winkler, F.*, und *Schmidt, F.*: Zusammenhänge zwischen natürlicher und künstlicher Belichtung von Syntheseseiden. Leipzig: Vortrag zur 10. Textiltechn. Tagung 1969.

Eingegangen am 10. Dezember 1970

Strukturuneinheitlichkeit von fadenbildenden Polymeren und Herstellungsmechanismus von wäßrigen kolloiden Dispersionen auf ihrer Basis

N. V. Michajlov
Allunions-Forschungsinstitut für Kunstfaserstoffe, Mystišči, UdSSR

678.5/.8:677.494:539.22:677.021.125.2:678.5/.8.02-416

Nach einleitenden Betrachtungen über die Morphologie der übermolekularen Strukturgebilde in Polymeren wird auf die strukturelle Uneinheitlichkeit eingegangen. Darauf aufbauend wird über Ergebnisse berichtet, die bei Untersuchungen wäßriger Polymerdispersionen, insbesondere von starrkettigen Polymeren, erhalten wurden. Der Schwerpunkt der Betrachtungen liegt beim Bildungsmechanismus solcher Dispersionen und ihrer Verformung zu Fäden und Folien.

О структурной гетерогенности волокнообразующих полимеров и механизме получения водных коллоидных дисперсий из них

После изложения морфологии надмолекулярных структурных образований в полимерах рассматриваются вопросы структурной гетерогенности. В дальнейшем приводятся результаты, полученные при исследовании водных дисперсий полимеров, в частности, жесткоцепных. При этом особое внимание уделяется вопросам механизма образования таких дисперсий и их переработки в волокна и пленки.

Structural Inhomogeneity of Fibre-forming Polymers and Mechanism of Preparation of their Aqueous Colloidal Dispersions

Introducing considerations on the morphology of supramolecular structures of polymers are followed by a detailed description of the structural inhomogeneity. The results obtained by investigating aqueous dispersions of polymers, particularly of those having rigid chains, are reported. The mechanism of formation of polymer dispersions and their ability to be converted to fibres and films are stressed.

Die Uneinheitlichkeit der übermolekularen Struktur von fadenbildenden Polymeren, für die eine Vielfalt von übermolekularen Gebilden mit den unterschiedlichsten Formen und Abmessungen charakteristisch ist, wird gegenwärtig bereits allgemein anerkannt.

[1]) Vorgetragen auf dem 3. Internationalen Chemiefasersymposium in Dresden am 4. Dezember 1970.

Nach den klassischen Arbeiten von *Kargin*, *Keller* und anderen bekannten Autoren zur Morphologie der übermolekularen Strukturgebilde sind inzwischen die Vorstellungen über die Strukturheterogenität von Polymeren weiter entwickelt worden [1, 2].

In einer seiner hervorragenden Arbeiten versuchte *Kargin* [3], die gesamte Vielfalt der morphologischen Formen bei den übermolekularen Strukturelementen

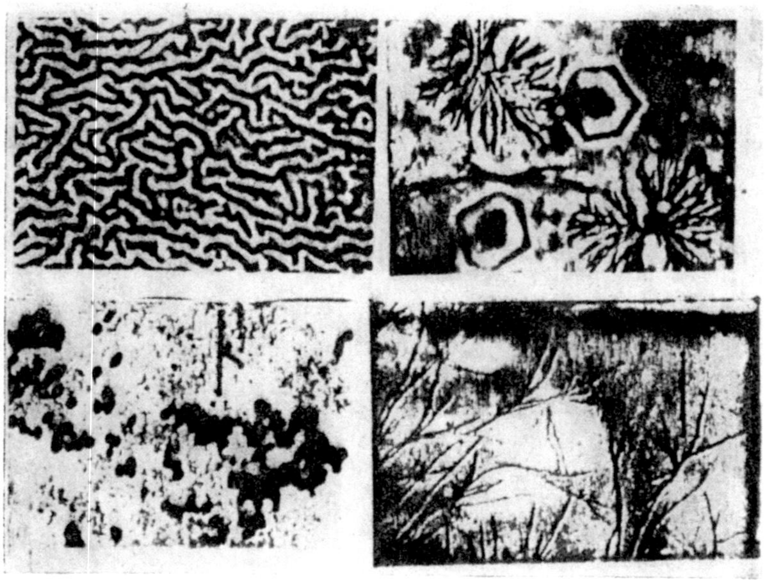

Bild 1. Haupttypen der übermolekularen Gebilde in Polymeren nach *Kargin*

von Polymeren in die vier, in Bild 1 dargestellten Haupttypen einzuordnen, nämlich Fibrillen, Globulen, Schicht- bzw. Streifenstrukturen und Sphärolithe. In einer Reihe von Arbeiten wurde darauf hingewiesen, daß diese Formen sowohl für kristalline als auch amorphe Polymere charakteristisch sind [4]. Das Vorhandensein von Strukturelementen unterschiedlicher Morphologie in Polymeren ist also nicht unmittelbar mit deren Phasenzustand verknüpft und dürfte lediglich auf kinetische Besonderheiten der Strukturbildung bei aus Lösungen oder aus der Schmelze erhältlichen Faserstoffen und Folien zurückzuführen sein [1].

Von *Kargin* konnte direkt gezeigt werden, daß die künstlich herbeigeführte Überführung eines kristallinen Polymeren in den amorphen Zustand von keinerlei Änderungen der Gestalt und Abmessungen der morphologischen Strukturelemente (Fibrillen und Sphärolithe) begleitet war [5]. Das Fehlen eines Zusammenhanges zwischen dem Phasenzustand eines Polymeren und seiner morphologischen Struktur konnte so unmittelbar bewiesen werden.

Aus der erwähnten Tatsache der Unabhängigkeit der morphologischen Struktur vom Phasenzustand des Polymeren ergibt sich, daß zwei Typen von übermolekularen Gebilden möglich sind, deren Entstehung entweder durch thermodynamische oder durch kinetische Gründe bedingt ist. Den Gebilden des ersten Typs müssen beständigere Gleichgewichtsformen (in einigen Fällen auch die Abmessungen) von Strukturelementen des Polymeren entsprechen, dem zweiten, kinetischen Typ dagegen eine mehr oder weniger breite Palette von Formen und Abmessungen von Nichtgleichgewichts-Strukturelementen, die sich je nach den Bedingungen bei der Herstellung von Faserstoffen und Folien verändern können. Da in einer Reihe von Arbeiten [6] gezeigt wurde, daß solche mit dem Phasenzustand des Polymeren zusammenhängende übermolekulare Gebilde, wie z. B. Kristallite, Globulen und einige andere einfachste Formen, sich in komplizierteren, übermolekularen Gebilden (Fibrillen oder Sphärolithe) befinden, deren Existenz, wie von *Kargin* gezeigt wurde, nicht mit dem Phasenzustand zusammenhängt, so ist offenbar eine gewisse phänomenologische Auftrennung dieser beiden Typen von übermolekularen Strukturgebilden in primäre und sekundäre Strukturebenen erforderlich. Morphologisch betrachtet, handelt es sich bei den Strukturgebilden beider Typen natürlich um übermolekulare Gebilde, die meist mehr oder weniger Aggregaten aus vielen Polymermolekülen entsprechen. Der Unterschied zwischen den beiden Typen muß darin bestehen, daß Art und Größe der zwischenmolekularen Wechselwirkung für die durch den Phasenzustand des Polymeren bedingten übermolekularen Gebilde vom chemischen Bau der Moleküle abhängt.

Ausgehend von diesen Definitionen, wäre es zweckmäßiger, wenn man die primären Strukturelemente als molekulare, die sekundären dagegen als übermolekulare bezeichnen würde. Für Polyamide, Polyester, Polyolefine und andere kristallisierbare fadenbildende Polymere ist z. B. die Entstehung von übermolekularen Strukturelementen in Form von sehr großen Sphärolithen und Fibrillen möglich, die bis zu einigen µm lang sind. In ihrem Inneren können submikroskopische kristalline Teilchen in Form von Paketen, Lamellen oder Nadeln existieren.

Wenn aber die übermolekularen Strukturen der beiden Typen unabhängig voneinander existieren und getrennt nachgewiesen werden können, so kann man sich natürlich vorstellen, daß es möglich ist, solche Bedingungen zu schaffen, bei denen die innerhalb der sekundären Strukturen entstehenden primären übermolekularen Strukturelemente kristallisieren können, während die ersteren keine Phasenumwandlungen erleiden.

Diese physikalischen Vorstellungen sind deswegen gerechtfertigt, weil die Phasenumwandlungen reversibel sind und folglich auch kinetische und thermodynamische Bedingungen existieren müssen, bei denen die gelenkte Gewinnung des einen oder anderen Typs von Strukturgebilden möglich ist.

Anhand dieses, mit der physikalischen Natur der Bildung beider Typen von übermolekularen Strukturelementen zusammenhängenden Merkmals wurde von uns die Einteilung in einen thermodynamischen Typ, der unter gegebenen Bedingungen vom Phasenzustand des Polymeren (amorph oder kristallin) bedingt ist, und einen kinetischen Typ, unabhängig vom Phasenzustand, vorgeschlagen [1].

1. Primäre (molekulare) Strukturen

A. Kristalline Polymere	B. Amorphe Polymere
1. Molekülpakete	1. Globulen

2. Kristalle unterschiedlicher Gestalt (Lamellen, Fäden, Nadeln u. a.)	2. Molekülpakete

II. Sekundäre (übermolekulare) Strukturen

A. Kristalline Polymere	B. Amorphe Polymere
1. Sphärolithe mit kristallinen Teilchen	1. Sphärolithe ohne kristalline Teilchen[2])
2. Fibrillen mit kristallinen Teilchen	2. Fibrillen ohne kristalline Teilchen

Eine solche Einteilung der Strukturgebilde in Polymeren erscheint uns im Hinblick auf die Natur und die spezifischen Eigenschaften linearer hochmolekularer Verbindungen zweckmäßig und begründet zu sein.

Ein interessantes Schema der Strukturuneinheitlichkeit von Regeneratcellulose- und Polyamidfaserstoffen, das sich auf die Abmessungen der übermolekularen Strukturelemente gründet, wurde von *Berestnev* vorgeschlagen [7]. Möglicherweise werden weitere Untersuchungen auf diesem Gebiet zur Aufstellung eines allgemeineren Schemas der Strukturorganisation von Polymeren führen, das gleichzeitig physikalische als auch morphologische Merkmale der übermolekularen Strukturgebilde berücksichtigt.

Die Vorstellung von zwei Ebenen der Strukturorganisation bei Polymeren sieht vor, daß im festen Zustand eine ganze Palette von Strukturelementen unterschiedlichster Gestalt und Größe mit deutlicher Abgrenzung der Teilchen existiert. Die Anerkennung dieses wichtigen Standpunktes der modernen Strukturchemie der Polymeren ist von prinzipieller Bedeutung für die Suche nach neuen, zweckmäßigsten und technisch günstigen Wegen und Verfahren zur Verarbeitung von Polymeren. Dies trifft auch für die strukturchemische Modifizierung ihrer Eigenschaften zwecks Gewinnung von Faserstoffen und Folien mit einem gewünschten Komplex technischer Merkmale zu.

Als erster wies *Kargin* auf die prinzipielle Besonderheit der Strukturbildung von Polymeren im kondensierten Zustand hin, deren physikalisches Wesen in dem Vorherrschen der zwischenmolekularen Wechselwirkung vor der Wärmebewegung besteht. Unter bestimmten Bedingungen der Wärme- und Konzentrationsfluktuation entsteht so in Lösungen und Schmelzen eine Vielzahl von beständigen Strukturgebilden ohne Phasenübergänge. Diese bemerkenswerte Voraussage fand in letzter Zeit ihre glänzende experimentelle Bestätigung. Zur Illustration seien einige charakteristische Beispiele aus dieser Forschungsrichtung angeführt.

Ebenfalls von *Kargin* [9] wurde erstmalig die Existenz mehrerer Einfriertemperaturen bei kristallinen Proben von Polypropylen festgestellt. Bei der Untersuchung der Temperaturabhängigkeit der Wärmekapazität von Cellulose wurden von uns gleichfalls mehrere Temperaturübergänge gefunden [10]. Bei systematischen strukturmechanischen Untersuchungen an Cellulosetriacetat fanden *Kozlov* u. Mitarb. [11] ein ganzes Spektrum von Strukturumwandlungen in einem breiten Temperaturbereich. Die jeweiligen Temperaturen wurden von den Autoren im Falle des amorphen Zustandes Mesophasenumwandlungen zugeschrieben, im Falle des kristallinen Zustandes Phasenumwandlungen. Es ist völlig klar, daß solchen Temperaturumwandlungen in der Struktur des Polymeren auch das Auftreten und Verschwinden von Strukturelementen unterschiedlichster Gestalt und Größe entsprechen muß, und zwar unabhängig davon, ob es sich um eine thermodynamisch oder kinetisch bedingte Umwandlung handelt, da diese in beiden Fällen mit einem Gewinn an innerer oder Oberflächenenergie verbunden ist. In letzter Zeit wurde diese Strukturpolydispersität von *Bogaevskaja* für Polypropylen und Polyamide überzeugend nachgewiesen. Untersucht wurde die Sorption von Lösungsmitteldämpfen in einem breiten Temperaturbereich durch die genannten Polymere; ferner wurden mit verschiedenen Farbstoffen gefärbte Proben mit unterschiedlicher „Temperaturvorgeschichte" lichtmikroskopisch untersucht [12].

Der autonome Charakter der Existenz derartiger übermolekularer Gebilde in Polymeren wird durch zahlreiche Verfahren bestätigt. Die direkte elektronenmikroskopische Beobachtung des autonomen Verhaltens übermolekularer Strukturelemente während der Deformation bei sehr niedrigen Temperaturen gelang *Kargin* für eine Reihe von Polymeren [9].

Mit Hilfe der Elektronenmikroskopie ist es möglich, die Größe und Gestalt dieser Strukturelemente vollständig zu beschreiben. Es zeigte sich, daß ihre Teilchengröße durchaus mit derjenigen typischer hydrophober Kolloide niedermolekularer Stoffe vergleichbar ist, d. h. zwischen 0,01 und 10 oder mehr μm liegt.

Gegenwärtig ist noch sehr wenig über die Natur und die Größe der Kräfte bekannt, die die Wechselwirkung derartiger großer Strukturgebilde von Polymeren im kondensierten Zustand bestimmen. Es besteht jedoch kein Zweifel daran, daß die zwischenmolekulare Wechselwirkung, die an den Berührungsflächen solcher Teilchen wirksam werden muß, dem Betrag nach geringer sein muß als die Wechselwirkung innerhalb der übermolekularen Gebilde, da anderenfalls ihre Existenz keinen physikalischen Sinn mehr haben würde. Eine gewisse experimentelle Bestätigung haben diese Vorstellungen in unseren Arbeiten über die integrale Benetzungs- und Lösungswärme von Cellulose gefunden [13] (Tabelle 1).

Aus den Angaben der Tabelle 1 folgt, daß die Differenz zwischen der integralen Benetzungs- und Lösungswärme für Cellulosefaserstoffe unterschiedlicher Struktur sich

Tabelle 1. Integrale Löse- und Benetzungswärme (Wasser) für Cellulosefaserstoffe unterschiedlicher Struktur

Lfd. Nr.	Faserstoff	Integrale Wärme cal/g		Wahre Lösewärme
		Löse- Q_1	Benetzungs- Q_2	(Q_1-Q_2)
1	Regeneratcellulose, nichtorientiert	40,1	24,9	15,2
2	dsgl., hochorientiert	36,6	22,9	13,7
3	dsgl., Hochmodul	31,3	16,9	14,4
4	Ramie	28,0	11,5	16,5

[2]) Sphärolithe wurden von *Serkov* [8] für Cellulose aus Lösungen ihrer Xanthogenate beobachtet.

Tabelle 2. Abhängigkeit einiger Eigenschaften vom Strukturtyp

Eigenschaft	Globulartyp	Fibrillentyp
Relative Molekülmasse	28000	28000
Erweichungstemperatur in °C	270	290
Reißfestigkeit in kp/cm²	640	740
Reißdehnung in %	10…20	50…80
Spezifische Schlagviskosität in kp cm/cm²	2…3	6…10

einem gewissen konstanten Wert nähert, der seinem physikalischen Sinn nach die echte Lösungswärme der Cellulose, die durch ihren chemischen Bau bedingt ist und nicht von der übermolekularen Struktur des Faserstoffs abhängt, charakterisieren muß. Wenn dem so ist, dann muß die Benetzungswärme der entsprechenden Faserstoffe von ihrer übermolekularen Struktur abhängen und eine für diese charakteristische Größe darstellen, die die Wechselwirkung der übermolekularen Gebilde im Faserstoff an ihrer Berührungsfläche bestimmt.

Aus Tabelle 1 ist ferner zu entnehmen, daß die integralen Absolutwerte dieser Wechselwirkungsenergie größer oder kleiner sein können als die entsprechenden Werte der Wechselwirkungsenergie innerhalb der übermolekularen Strukturgebilde. Zu bedenken ist dabei nur, daß dieser Vergleich nur relativ ist, da außerdem noch die Kenntnis der differentiellen Lösungswärme erforderlich wäre.

Diese Annahme scheint uns gut mit den oben dargelegten Vorstellungen über den autonomen Charakter der Existenz von übermolekularen Strukturgebilden in Polymeren übereinzustimmen. Auf Grund der derzeitigen Ansichten über die Struktur von Polymeren im festen Zustand, vor allem in Faserstoffen und Folien, muß also der Einfluß der beiden Typen von Strukturgebilden, die auf molekularer und übermolekularer Ebene entstehen und eine charakteristische strukturelle Mikrouneinheitlichkeit besitzen, auf die Eigenschaften der Materialien anerkannt werden. Heute sind bereits zahlreiche experimentelle Befunde über die Abhängigkeit der physikalisch-mechanischen Eigenschaften von Faserstoffen und Folien von dem Typ und der Größe der übermolekularen Gebilde bekannt. So wurden z. B. von *Slonimskij* [14] einige Eigenschaften von Folien in Abhängigkeit vom globulären oder fibrillären Typ des Polymeren untersucht. Die dabei gewonnenen Resultate sind in Tabelle 2 zusammengestellt.

Der Einfluß der Strukturuneinheitlichkeit des Polymeren auf Verformungsprozesse (Orientierungsrecken) und die Eigenschaften von Polyamidfäden ist von uns untersucht worden [15] (Tabelle 3). Natürlich enthalten die Angaben gewisse Mittelwerte für die Größe der ursprünglichen übermolekularen Strukturgebilde, ferner fehlen Angaben über die Größe dieser Gebilde im fertigen, orientierten Faserstoff, deren Fibrillencharakter ihre Messung mit den üblichen optischen und elektronenmikroskopischen Verfahren erschwert. Trotzdem geht aus diesen Angaben hervor, daß die Kenntnis der vollständigen Palette der übermolekularen Strukturelemente im Polymeren und im fertigen Faden eine wesentliche Hilfe bei der Schaffung von Faserstoffen mit optimaler Struktur bedeuten würde, im Vergleich zu den bis jetzt noch recht qualitativen Angaben.

Von der gleichen Abhängigkeit der Faserstoffeigenschaften von der übermolekularen Struktur des Polymeren zeugt der bekannte experimentelle Befund der Divergenz der Beziehung zwischen Fadenfestigkeit einerseits und Reckgrad sowie Molekülorientierung (röntgendiffraktometrisch bestimmt) andererseits [16] (Bild 2).

Das spricht dafür, daß die mechanischen Faserstoffeigenschaften nicht nur mit der Orientierung der Polymermoleküle in den primären übermolekularen Gebilden erklärt werden können, sondern auch offenbar in erheblichem Maße von der Orientierung der sekundären übermolekularen Gebilde im Faserstoff abhängen müssen. Die Gesamtheit der experimentellen Befunde und viele theoretische Überlegungen ermöglichen es, allgemeine Folgerungen über die Rolle der Strukturuneinheitlichkeit von Polymeren zu ziehen, als dem grundlegenden Faktor, der die Struktur und die Eigenschaften von polymeren Materialien, in erster Linie Faserstoffe und Folien, verbindet.

In den letzten Jahren sind mehrere Autoren (*Papkov*, *Tager*, *Najmark* [17, 18]) bei ihren Arbeiten über konzentrierte Lösungen fadenbildender Polymerer ebenfalls zu dem Schluß gelangt, daß die durch Einführung eines Nichtlösers oder eines anderen Polymeren entstehende Phasenheterogenität im System Polymeres/Lösungsmittel die Herstellung von Folien und Fäden mit günstigerer Struktur ermöglicht, die das anschließende Orientierungsrecken begünstigt und zu fertigen Fäden und Folien mit besseren physikalisch-mechanischen Eigenschaften führt.

Die Entdeckung künstlicher wäßriger Dispersionen (Latices) von synthetischem Kautschuk und Elasto-

Tabelle 3. Einfluß der Abmessungen der übermolekularen Strukturelemente von Polycaproamid auf das Erspinnen von Fäden und deren Eigenschaften

	Polymereigenschaften und physikalisch-mechanische Kennwerte der Fäden		
	kleine Sphärolithe (2…5 μm)	mittlere Sphärolithe (10…12 μm)	grobe Sphärolithe (12…22 μm)
Spezif. Viskosität einer 0,5%igen Lösung in Trikresol	0,69	0,67	0,70
Reckvermögen	erhöht	üblich	herabgesetzt
Reißfestigkeit der Fäden in kp/mm²	76…83	64…70	58…70
Anzahl der Doppelbiegungen bis zur Zerstörung bei Belastung mit 12 kp/mm²	7000…11000	4000…5000	3000…4000

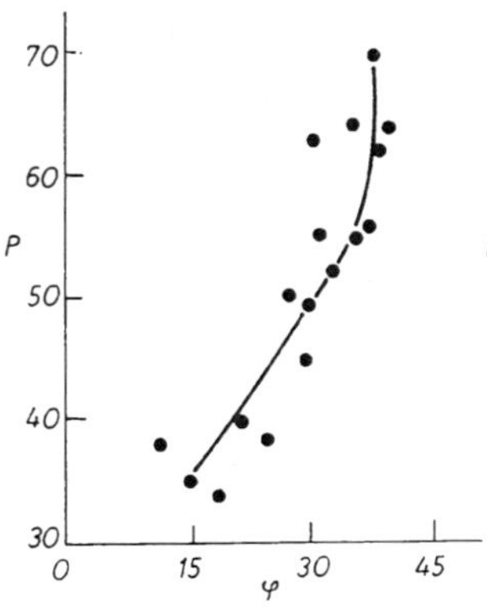

Bild 2 (links). Abhängigkeit der Festigkeit von Regeneratcellulosefäden von der Molekülorientierung

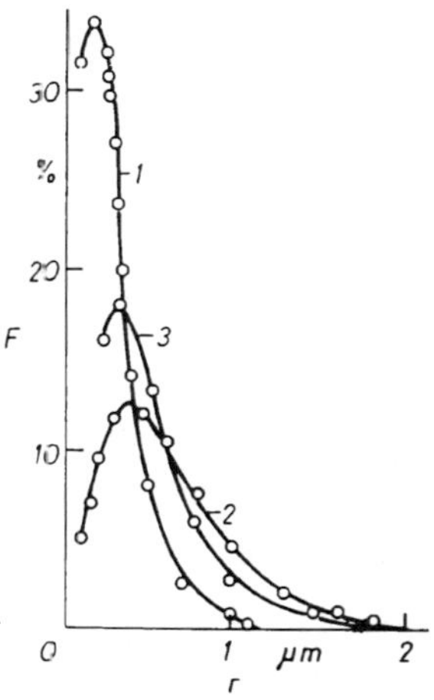

Bild 3 (rechts). Differentielle Verteilungskurven der Kolloidteilchen in mechanischen wäßrigen Dispersionen (Stabilisator Stiromal): 1 PVY; 2 PÄT; 3 PU

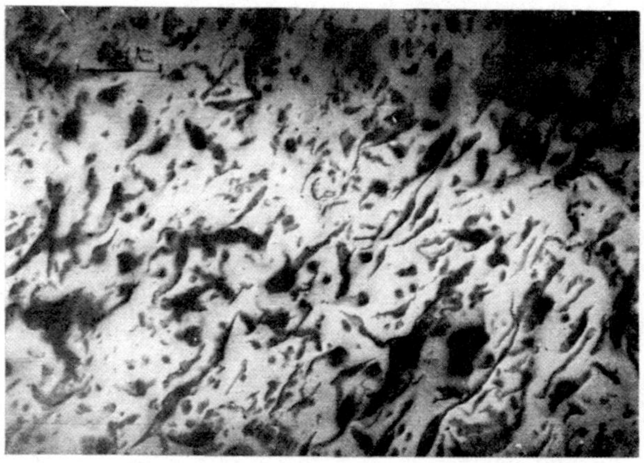

Bild 3a. Elektronenmikroskopische Aufnahme der Teilchen von Polymerdispersionen

meren sowie die Weiterentwicklung ihrer Herstellungsverfahren durch Emulsionspolymerisation der Monomeren in wäßrigen Medien brachte für die physikalische Chemie der Polymeren eine prinzipiell neue und wichtige Richtung der Anwendung von heterogenen Systemen zur Herstellung von polymeren Faserstoffen und Folien mit sich. Ein wichtiger Schritt in dieser Richtung war die Entwicklung des Verfahrens der mechanischen Dispergierung von Polymeren des Elastomertyps unter Ausnutzung der in der Kolloidchemie bekannten Regel von der Phasenumkehrung durch *Trumball* [19] und später auch *Dogadkin* [20].

Wir benutzten das Verfahren der mechanischen Dispergierung starrkettiger fadenbildender Polymerer unter Verwendung von Tensiden erstmalig zur Herstellung von wäßrigen Dispersionen von Polyestern, Polyamiden, Polyamidoestern (einschließlich Polyurethanen), einigen Derivaten der Polyvinylreihe, Celluloseestern und anderen, in organischen Lösungsmitteln löslichen Polymeren [21]. Die erhaltenen kolloiden Lösungen der genannten Polymeren (Konzentration 40 bis 60%) stellen polydisperse Systeme mit einer vorherrschenden Teilchengröße unter 1 µm dar (Bild 3). Die in Bild 3a wiedergegebene elektronenmikroskopische Aufnahme spricht dafür, daß die Dispersionen tatsächlich polydispers sind und eine ganze Palette asymmetrischer Teilchen aufweisen, ähnlich denen, die man bei entsprechenden morphologischen Untersuchungen der übermolekularen Strukturgebilde in festen Polymeren beobachten kann. Eine derartige Übereinstimmung der Strukturheterogenität fadenbildender Polymerer sowohl in wäßrigen Dispersionen als auch im festen, kondensierten Zustand ließ vermuten, daß die Dispergierung starrkettiger Polymerer nicht nach dem Gesetz des Zufalls erfolgt, dem bekanntlich die Konzentrierung von Spannungen in Fehlerstellen zugrunde liegt, wobei diese einen gewissen kritischen Widerstand gegen die an den Festkörper angelegte Kraft überschreiten. Vielmehr erfolgt die Dispergierung durch Aufteilen des festen Polymeren in die übermolekularen Strukturelemente unter Überwindung der zwischenmolekularen Wechselwirkungskräfte zwischen den Molekülen, die sich an der Oberfläche dieser übermolekularen Gebilde befinden, da die Wechselwirkung im Inneren dieser Gebilde größer ist als an ihrer Oberfläche. Gemäß den Vorstellungen von *Rebinder* über die Rolle von Härteabschwächern bei der Dispergierung üblicher Stoffe soll die zwischenmolekulare Wechselwirkung an den Berührungsflächen der übermolekularen Strukturelemente durch die Keilwirkung der Tenside abgeschwächt werden.

Nicht uninteressant ist, daß bei Verwendung von Tensiden unter sonst gleichen Bedingungen die Dispergierung starrkettiger Polymerer um so leichter und rascher vonstatten geht, je härter das ursprüngliche Polymere ist. Unter diesem Gesichtspunkt läßt sich dieser Dispergierungsmechanismus starrkettiger Polymerer nicht mit den wesentlichsten Vorstellungen *Dogadkins* zum Dispergierungsmechanismus von Kautschuken und biegsamen Elastomeren nach der in der Kolloidchemie bekannten Regel der „Phasenumkehr" in Einklang bringen [22]. Ein, wie uns scheint, direkter Beweis für den von uns angenommenen Dispergierungsmechanismus starrkettiger fadenbildender Polymerer ist das experimentell belegte Fehlen eines chemischen Abbaues des Polymeren und seine Überführung in den amorphen Zustand während des Dispergierens, was im Falle des Zufallsgesetzes unvermeidlich sein müßte, wie man z. B. beim trocknen Dispergieren von Polymeren in Abwesenheit von Tensiden beobachten kann [23].

Die Wirkung der Tenside beim mechanischen Dispergieren besteht gewissermaßen primär in der Bildung wäßriger kolloider Dispersionen, da dann das Tensid unter Solvatation der Oberfläche der entstehenden Kolloidteilchen zu einer strukturstabilisierenden Komponente des Systems wird, die seine aggregative Beständigkeit bestimmt. Der Stabilisierungsmechanismus wäßriger Dispersionen von starrkettigen Polymeren ist offenbar in vielem analog der Stabilisierung hydrophober Kolloide durch Tenside und hängt von der chemischen Natur des Tensids ab. Experimentell gut bestätigt wird das durch Untersuchungen der elektrokinetischen und strukturmechanischen Eigenschaften wäßriger Dispersionen [24]. Wie sich herausstellte, sind solche Systeme über längere Zeit aggregativ beständig

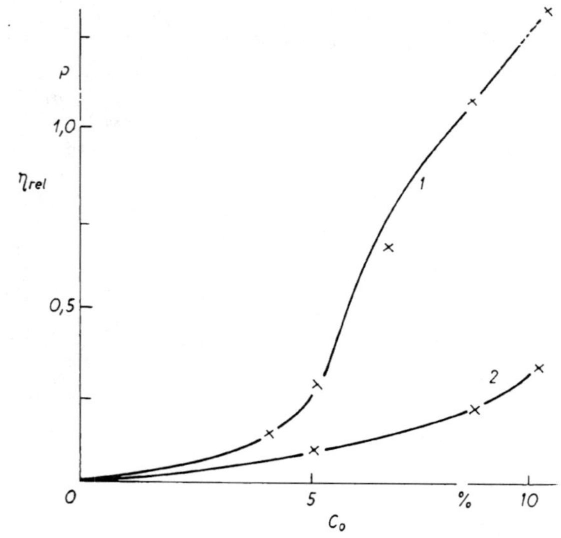

Bild 4. Abhängigkeit der Viskosität wäßriger PVY-(1)- und PU-(2)-Dispersionen vom Polymergehalt (Stabilisator: Stiromal)

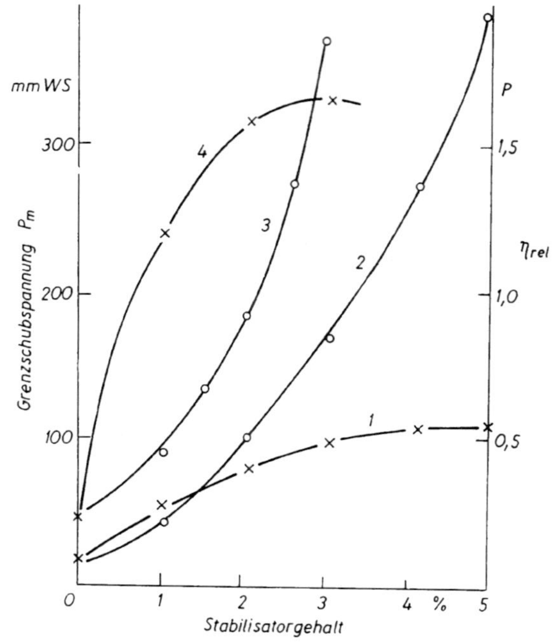

Bild 5. Einfluß des Stabilisatorgehaltes in wäßrigen PVY-Dispersionen, erhalten in Gegenwart von Stiromal (1,2) bzw. Salvar (3,4) auf Viskosität (1,4) und Grenzschubspannung (2,3)

und mit Wasser praktisch unbegrenzt verdünnbar, was für ihre praktische Verwendung sowohl in reiner Form als auch in Gemischen mit wäßrig-alkalischen Lösungen anderer Polymerer als Haupt- oder Nebenkomponente oder als strukturbildende Komponente (Verdickungsmittel) einer Kolloiddispersion wichtig ist [25].

Zu erwähnen ist, daß das Verdünnen mit Wasser nur zu einer Herabsetzung der Viskosität führt ohne merkliche Änderung der aggregativen Beständigkeit der Dispersion (Bild 4). Der Verlauf der Viskositätsänderung wäßriger Dispersionen von Polyacrylnitril und Polyurethan in Gegenwart des gleichen Tensids ist jedoch je nach der Konzentration unterschiedlich.

Die Ursache für die unterschiedliche Konzentrationsabhängigkeit der Viskosität wäßriger Polymerdispersionen ist offenbar die Wechselwirkung des Stabilisators mit dem Polymeren, die durch seine chemische Natur bedingt ist. Folglich muß die Viskosität solcher Dispersionen auch vom Stabilisatortyp abhängen. So ist z. B. die Viskosität 5%iger Dispersionen von Polyacrylnitril, die in Gegenwart verschiedener Tenside (Stiromal[3]) bzw. Salvar) erhalten wurden, verschieden, wie aus Bild 5 zu entnehmen ist. Daraus ergibt sich, daß der Stabilisator die Hauptrolle bei der Strukturbildung der Dispersionen spielt, was durch die Abhängigkeit der Grenzschubspannung von der Stabilisatorkonzentration in der Dispersion bestätigt wird.

Die relativ niedrige Viskosität wäßriger Polymerdispersionen sowie die Möglichkeit der Regulierung der Strukturbildung in diesen Systemen durch entsprechende Wahl des Stabilisators erlauben es, Gemische verschiedener Polymerer über ihre wäßrigen Dispersionen zu untersuchen. Ähnliche Mischungen wurden seinerzeit am Beispiel von Latices und Elastomeren studiert [26]. Unsere Untersuchungen an starrkettigen Polymeren ergaben beliebige Mischbarkeit der wäßrigen kolloiden Dispersionen. Im Gegensatz zu entsprechenden wäßrigen Kautschukdispersionen erfolgt hier das Vermischen jedoch bei bestimmter Änderung der rheologischen Eigenschaften der Mischdispersionen, wie das in Bild 6 für die Abhängigkeit der Viskosität und Grenzschubspannung von der Zusammensetzung des Gemisches von PVY- und PU-Dispersionen bei gleichem Stabilisator dargestellt ist.

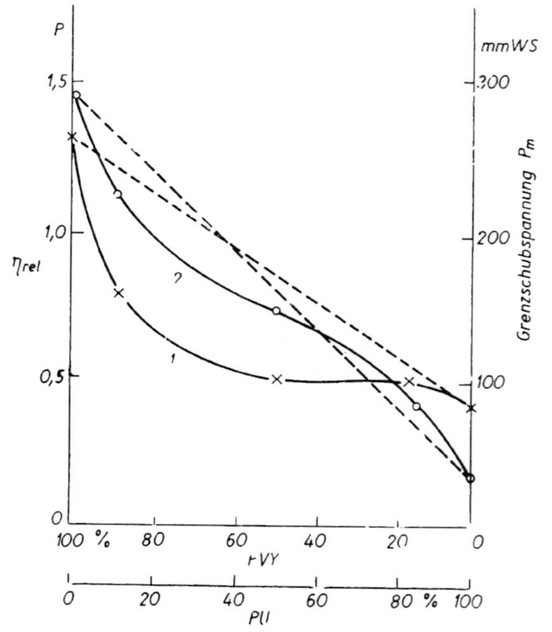

Bild 6. Abhängigkeit der Viskosität (1) und der Grenzschubspannung (2) von der Zusammensetzung eines Gemisches von PVY- und PU-Dispersionen (Stabilisator Stiromal). Ausgezogene Linie — experimentell gefundene Werte; gestrichelte Linie — nach der Additivitätsregel berechnete Werte

[3]) Derivat eines Copolymerisats des Styrols mit Maleinsäureanhydrid und Diäthylamin.

Theoretisch am interessantesten ist die beobachtete Abweichung der rheologischen Eigenschaften der Mischdispersionen von der Additivität mit Wechsel des Vorzeichens für einen gewissen Zusammensetzungsbereich. Die Hauptursache dafür ist offenbar in einer Neuverteilung des Stabilisators zwischen den dispersen Teilchen von chemisch unterschiedlichen Polymeren zu erblicken. Eine direkte Wechselwirkung zwischen den kolloiden Polymerteilchen der beiden Dispersionen ist unter normalen Versuchsbedingungen infolge der Abschirmung durch den Stabilisator unmöglich. Leider fehlen gegenwärtig noch direkte Angaben über die Art dieser Umverteilung des Stabilisators, so daß zunächst nur die Tatsache selbst festgestellt werden kann.

Praktisch besonders interessant erscheinen uns Gemische wäßriger Dispersionen verschiedener Polymerer, aus denen Faserstoffe und Folien mit neuen Eigenschaften erhalten werden können [27].

Die Modifizierung der Eigenschaften polymerer Materialien (Faserstoffe, Folien und Plaste) erfolgt gegenwärtig bekanntlich auf zwei Wegen: chemisch durch Aufpfropfen eines anderen Polymeren [28] und physikochemisch durch Vermischen von Polymeren unterschiedlicher chemischer Natur in Schmelze oder Lösung über ein gemeinsames Lösungsmittel [29]. Im ersten Falle muß eine spezielle Technologie entwickelt werden, die den Herstellungsprozeß der Polymermaterialien kompliziert. Bei dem zweiten Weg werden sogenannte Bikomponenten-Faserstoffe aus der Schmelze oder aus organischen Lösungsmitteln ersponnen, die meist toxisch sind (Dimethylformamid, Methylenchlorid u. a.).

In erheblichem Maße frei von diesen Nachteilen ist unserer Ansicht nach ein Verfahren, das auf der Verwendung kolloider wäßriger Dispersionen synthetischer Polymerer als modifizierende Zusätze zu wäßrigen und alkalischen Lösungen fadenbildender Polymerer (Cellulosexanthogenat und andere Ester und Äther der Cellulose, sowie Polyvinylalkohol und einige andere wasserlösliche Polymere mit Kohlenstoffkette), aber auch von Gemischen aus Dispersionen von chemisch unterschiedlichen Polymeren beruht.

Es ist anzunehmen, daß es sich bei allen eben genannten Fällen um strukturell heterogene Systeme handeln wird. Kann deshalb angenommen werden, daß die Strukturen der auf verschiedene Weise modifizierten Faserstoffe analog oder ähnlich sein werden? Diese Frage bedarf eingehender Untersuchungen, die jedoch eben erst begonnen worden sind. Trotzdem lassen sich bereits einige allgemeine Überlegungen zu dieser Frage anstellen, und zwar anhand unserer Kenntnisse über die Strukturbesonderheiten der Polymeren, die zu Beginn dieses Beitrages betrachtet worden sind.

Betrachtet man unter diesem Gesichtspunkt den Fall der Strukturunterschiede eines Pfropfcopolymeren der Cellulose z. B. mit Acrylnitril und eines strukturmechanischen Mischfaserstoffs aus Regeneratcellulose und Polyacrylnitril bei gleichen Gewichtsverhältnissen (z. B. mit 15 bis 30% der zweiten Komponente), so ist vor allem festzustellen, daß im Falle der Pfropfung eine chemische Bindung des Polyacrylnitrils durch die Cellulose erfolgt, während bei dem Faserstoff aus einem Gemisch von Regeneratcellulose und PVY keine chemische Bindung vorhanden ist und eine Wechselwirkung zwischen den beiden Komponenten nur durch die zwischenmolekularen Kräfte an den Berührungsflächen der übermolekularen Strukturelemente der Cellulose und des PVY möglich ist. Bei näherer Betrachtung des Wesens dieses Unterschiedes kann man sich jedoch leicht davon überzeugen, daß er gar nicht so sehr groß ist, wie man z. B. bei der Cyanäthylierung der Cellulose bei gleicher Massezunahme erwarten könnte. Bei den erreichbaren Polymerisationsgraden der Pfropfkomponente entfällt tatsächlich nur eine chemische Bindung zwischen dem Acrylnitril und der Cellulose auf 1000 bis 10000 Elementarglieder des Pfropfpolymeren, wie das schematisch in Bild 7 dargestellt ist. Darf in diesem Falle eine irgendwie geartete strukturelle Vermischung der Polymeren auf molekularer Ebene erwartet werden? Das scheint uns aus thermodynamischen Erwägungen heraus ausgeschlossen zu sein, weshalb die Herausbildung getrennter Strukturgebilde zu erwarten ist, die praktisch nicht durch die derart geringe Anzahl chemischer Bindungen beeinflußt werden.

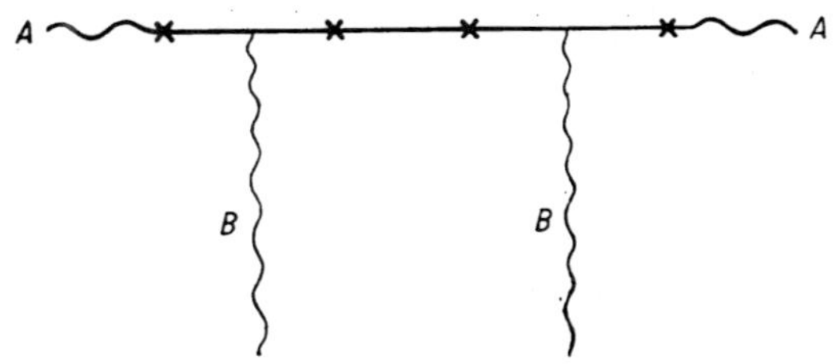

Bild 7. Gestalt von Molekülen eines Pfropfcopolymeren (schematisch)

Beim chemischen Aufpfropfen einer zweiten Komponente wird sich die Struktur des gepfropften Polymeren also anhand der Wechselwirkung der Strukturelemente herausbilden.

Von uns wurden Filme aus einem Gemisch wäßriger Dispersionen von Elastomeren und starrkettigen Polymeren hergestellt. Zu diesem Zweck gingen wir von einer Polyäthylenterephthalat-Dispersion aus, die durch Kolophoniumseife und Salvar stabilisiert war, sowie einer Polyacrylnitril-Dispersion, die mit Salvar stabilisiert war. Als zweite Komponente dienten Latices der carboxylhaltigen Kautschuke SKS-30-IGP, SKS-40 und L-MAK-3. Die Filme wurden bei Raumtemperatur durch Verdunsten des Wassers erhalten. Um den Einfluß der Zusammensetzung auf die Eigenschaften der Bikomponentenfilme zu ermitteln, bestimmten wir die mechanischen Eigenschaften der Filme.

Wie aus Bild 8a und b zu ersehen ist, zeigt die Abhängigkeit der Festigkeit und Reißdehnung von dem Gehalt an Polyäthylenterephthalat bzw. Polyacrylnitril in den Latexgemischen mit den Dispersionen der genannten Polymeren, daß die Festigkeit, in einigen Fällen auch die Reißdehnung der Filme Extremcharakter aufweisen. Auch ist in Einzelfällen eine Verschiebung des Maximums nach höheren Gehalten der starrkettigen Komponente hin zu beobachten. Möglicherweise wird die Lage des Maximums der mechanischen Eigenschaften auch durch die Natur des Stabilisators beeinflußt, was jedoch erst noch eingehender untersucht werden muß.

Die Untersuchung der mechanischen Eigenschaften von Filmen aus Polymergemischen, die durch Ver-

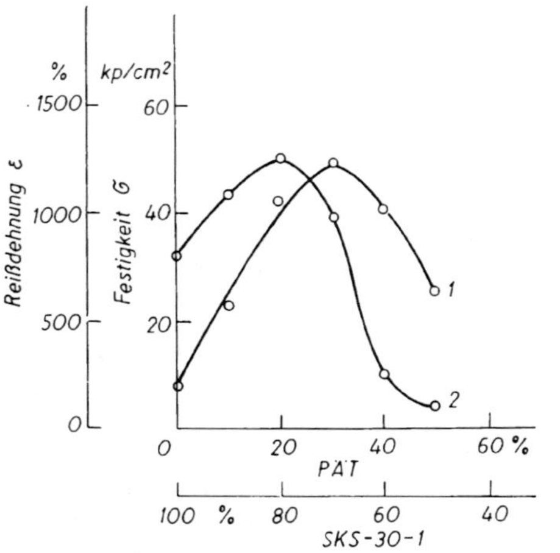

Bild 8a. Abhängigkeit der Festigkeit (1) und Reißdehnung (2) von Filmen aus einem Gemisch wäßriger Dispersionen von PÄT und Latex SKS-30-1-GP von der Zusammensetzung

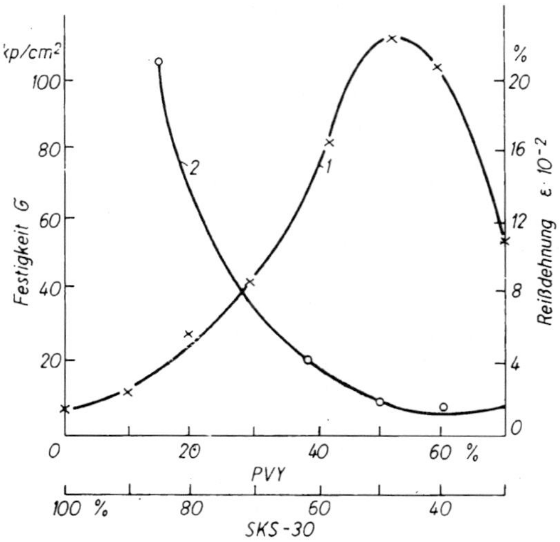

Bild 8b. Abhängigkeit der Festigkeit (1) und Reißdehnung (2) von Filmen aus einem Gemisch wäßriger Dispersionen von PVY und Latex SKS-30-1-GP von der Zusammensetzung

Bild 8. Abhängigkeit der Festigkeit (1) und Reißdehnung (2) von Filmen aus einem Gemisch wäßriger Dispersionen von PÄT und Latex SKS-30-1-GP von der Zusammensetzung

mischen wäßriger kolloider Lösungen der entsprechenden Polymeren entstehen, gestattet anzunehmen, daß die auf diese Weise hergestellten Filme morphologisch ein strukturheterogenes Gerüstsystem darstellen. Eine solche Struktur bietet sich in Form eines Netzgerüstes dar, in dessen Knotenpunkten sich übermolekulare Aggregate (Teilchen) des starrkettigen Polymeren befinden, während die Teilchen des Elastomeren die Wände des Gerüstes ausfüllen. Sie dienen dabei als Bindemittel, das die Kompaktheit des Films sichert. Schematisch ist eine solche Gerüststruktur in Bild 9 wiedergegeben. Nach diesen Vorstellungen lassen sich Festigkeitsänderungen der Filme und das Auftreten eines Maximums in Abhängigkeit vom Gehalt an starrkettiger Komponente damit erklären, daß die Haupt-

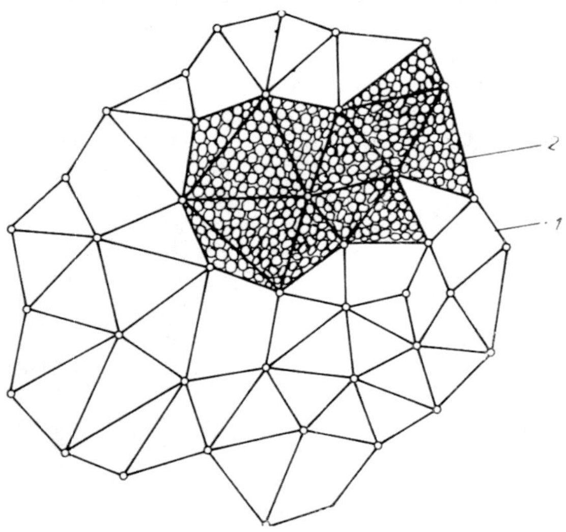

Bild 9. Schematische Darstellung der Makrostruktur von Filmen aus Gemischen wäßriger Dispersionen von starrkettigen Polymeren mit Elastomerlatices: 1 Teilchen des starrkettigen Polymeren; 2 Globulen des Elastomeren

spannungen von dem aus Teilchen des starrkettigen Polymeren bestehenden Gerüst aufgenommen werden. Bei höherem Gehalt an der starrkettigen Komponente (oberhalb einer gewissen kritischen Konzentration), d. h., wenn sich in einem solchen Gerüstsystem die Strukturverträglichkeit verschlechtert, wird die Kompaktheit gestört und das System mechanisch uneinheitlich. Dies zieht schließlich eine Verringerung der Festigkeit und Reißdehnung der Filme nach sich, ähnlich wie man das in gefüllten Systemen bei Füllstoffüberschuß beobachten kann. Ein solcher Wirkungsmechanismus der starrkettigen Polymeren auf die mechanischen Eigenschaften der betrachteten Bikomponentenfilme erklärt unserer Ansicht nach den Extremcharakter des Kurvenverlaufs in den Zusammensetzung-Eigenschafts-Diagrammen und ist eine experimentelle Bestätigung für die theoretischen Vorstellungen von der strukturellen Verträglichkeit von Polymeren auf übermolekularem Niveau.

Die Möglichkeit einer derartigen strukturellen Verträglichkeit in Filmen aus wäßrigen kolloiden Polymerdispersionen eröffnet neue Wege für die Verarbeitung von Polymeren in der Chemiefaserindustrie, und zwar durch strukturchemisches Vermischen von chemisch unterschiedlichen Polymeren über ihre wäßrigen Dispersionen. So kann also das relativ lange bekannte Verfahren zur Verarbeitung von Kautschuk und Elastomeren in Form von Latices eine Wiedergeburt auf dem Gebiet der Chemiefaserstoffe erfahren. Seine erste Anwendung zum Erspinnen des Faserstoffs TEFLON aus Latices von Polytetrafluoräthylen wird möglicherweise in den nächsten Jahren in großem Umfang auch für die Herstellung anderer Chemiefaserstoffe übertragen werden. Es gibt bereits eine Reihe von Patenten [20] zum Einsatz von Latices synthetischer Polymerer mit Kohlenstoffkette beim Erspinnen von Chemiefaserstoffen unter Zusatz von Cellulosexanthogenat- bzw. Polyvinylalkohollösungen als Verdickungsmittel. Bedenkt man, daß Patentanmeldungen gewöhnlich das Ergebnis wissenschaftlicher Forschungen sind, so kann mit berechtigtem Optimismus diesen neuen Verfahren zur Herstellung von Faserstoffen und Folien aus wäßrigen Dispersionen von starrkettigen fadenbildenden Polymeren bereits für die nächsten Jahre eine Perspektive vorausgesagt werden.

Literatur

[1] *Michajlov, N. V.:* Moderne Struktur- und Festigkeitsprobleme von Chemiefasern. Chim. Volokna (Chem. Fasern) **6** (1964) 1, S. 17–19.

[2] *Michajlov, N. V.:* Über die strukturelle Polydispersität von Polymeren mit starren Ketten. Vysokomol. Soed. (Hochmol. Verbind.) A **10** (1968) 12, S. 2703–2712; dt. in: Sowj. Beitr. Faserforsch. Textiltechnik **6** (1969) 4, S. 171–178.
Zubov, P. I.: Strukturumwandlungen in Dispersionen von Polymeren. Vysokomol. Soed. (Hochmol. Verbind.) A **10** (1968) 12, S. 2763–2767.
Papkov, S. P.: Strukturbesonderheiten von aus konzentrierten Lösungen abgeschiedenen Polymeren. Vysokomol. Soed. (Hochmol. Verbind.) A **10** (1968) 12, S. 2691–2696; dt. in: Sowj. Beitr. Faserforsch. Textiltechnik **6** (1969) 4, S. 179–183.

[3] *Kargin, V. A.:* Über die Rolle der strukturmäßigen Erscheinungen bei der Herausbildung der Eigenschaften von Polymeren. Usp. Chimii (Fortschr. d. Chemie) **35** (1966) S. 1006.

[4] *Kargin, V. A.*, und *Slonimskij, G. L.:* Kurzer Abriß der physikalischen Chemie der Polymeren. Moskva: Chimija 1967, S. 28.

[5] *Kargin, V. A.*, und *Kareckaja, T. A.:* Vysokomol. Soed. (Hochmol. Verbind.) **1** (1959) 1, S. 7.

[6] *Berestnev, V. A., Razikov, K. Ch.*, und *Kargin, V. A.:* Studium der Besonderheiten der übermolekularen Struktur verschiedener Arten von Viskosefasern. Chim. Volokna (Chem. Fasern) (1962) 4, S. 51–55.

[7] *Berstnev, V. A., Dubova, L. S.*, und *Alekseeva, E. S.:* Untersuchung des Einflusses der Strukturbesonderheiten von Cordseiden auf ihre Eigenschaften. Vysokomol. Soed. (Hochmol. Verbind.) A **10** (1968) 12, S. 2727–2736.

[8] *Serkov, A. T., Kotomina, I. N., Budnickij, G. A.*, und *Kovalev, G. D.:* Wege zur Herstellung hochfester Regeneratcellulosefaserstoffe. Chim. Volokna (Chem. Fasern) (1969) 4, S. 40–45.

[9] *Kargin, V. A., Andrianova, G. P.*, und *Kardaš, G. G.:* Über den Mechanismus der großen Deformation von kristallinem Polypropylen in einem breiten Temperaturbereich. Vysokomol. Soed. (Hochmol. Verbind.) A **9** (1967) 2, S. 267–287.

[10] *Fajnberg, È. Z.*, und *Michajlov, N. V.:* Untersuchung der Temperaturabhängigkeit der spezifischen Wärme von Cellulosefaserstoffen. Vysokomol. Soed. (Hochmol. Verbind.) A **9** (1964) 4, S. 920–926; dt. in: Sowj. Beitr. Faserforsch. Textiltechnik **4** (1967) 9, S. 465–470.

[11] *Kozlov, P. V., Kajmin, I. F., Galejs, Z. Z., Kurbanov, A. M.*, und *Kargin, A. V.:* Untersuchung der Übergangstemperaturen in Cellulosetriacetat. Vysokomol. Soed. (Hochmol. Verbind.) A **9** (1967) 9, S. 2047–2061.

[12] *Bogaevskaja, E. A.:* Kandidatendissertation 1969.

[13] *Fajnberg, È. Z., Michajlov, N. V.*, und *Papkov, S. P.:* Untersuchung der Umsetzungswärme von Cellulosefaserstoffen mit Lösungen von Basen. Vysokomol. Soed. (Hochmol. Verbind.), A **9** (1967) 7, S. 1483–1488; dt. in: Sowj. Beitr. Faserforsch. Textiltechnik **4** (1967) 11, S. 576–597.

[14] *Slonimskij, G. L.:* Vysokomol. Soed. (Hochmol. Verbind.) **4** (1962) 5, S. 757.

[15] *Michajlov, N. V., Majboroda, V. I., Prokof'eva, A. S., Krasova, I. I.*, und *Gorbačeva, V. O.:* Modifizierung der Eigenschaften von Polyamidfäden durch Änderung ihrer Struktur. Vysokomol. Soed. (Hochmol. Verbind.) **8** (1966) 12, S. 2077–2081; dt. in: Sowj. Beitr. Faserforsch. Textiltechnik **4** (1967) 4, S. 182–186.

[16] *Aafanas'eva, G. N., Vol'f, L. A., Meos, A. I., Gorbačeva, V. O., Michajlov, N. V.*, und *Mil'kova, L. P.:* Thermische Plastifikationsverstreckung von Polyvinylalkoholfasern. Chim. Volokna (Chem. Fasern) (1963) 5, S. 16–19.

[17] *Iovleva, M. M., Bandurjan, S. J.*, und *Papkov, S. P.:* Makrostruktur von aus Lösungen ausgeschiedenen Polymeren. Vysokomol. Soed. (Hochmol. Verbind. B **11** (1969) 6, S. 406–409; dt. in: Sowj. Beitr. Faserforsch. Textiltechnik **6** (1969) 10, S. 516–519.
Majboroda, L. F., Papkov, S. P., und *Majboroda, V. I.:* System Cellulosediacetat/Aceton/Wasser/Calciumchlorid. Vysokomol. Soed. (Hochmol. Verbind.) B **11** (1969) 6, S. 418–420.

[18] *Čilipotkina, M. V., Tager, A. A., Makovskaja, E. B.*, und *Parsina, V.:* Untersuchung des Einflusses der Natur des Lösungs- und Fällingsmittels sowie des Spinn- bzw. Formverfahrens auf die poröse Struktur von Polymeren. Vysokomol. Soed. (Hochmol. Verbind.) A **12** (1970) 5, S. 1082–1090.
Najmark, N. I., Vasil'ev, B. V., Zaspinok, G. S., Ščerbakova, N. G., Landyševa, V. A., und *Ložkin, V. E.:* Einfluß der gepfropften Copolymeren auf Struktur und Eigenschaften fester Gemische von Celluloseacetat und Polyacrylnitril. Vysokomol. Soed. (Hochmol. Verbind.) A **12** (1970) 7, S. 1641–1644.

[19] *Trumball, H.:* Coll. Simp. monogr. **6** (1928) S. 215.

[20] *Dogadkin, B. A.:* Kolloid. Ž. (Kolloid-Z.) (1935) 1, S. 499.

[21] *Michajlov, N. V.*, und *Chavkina, B. A.:* Mechanismus der Filmbildungsprozesse aus Polymerlösungen und -dispersionen. Moskva: Nauka 1966, S. 112 und 116.

[22] *Dogadkin, B. A.:* Kolloid. Ž. (Kolloid-Z.) (1935) 1, S. 501.

[23] *Komissarov, S. A.:* Kandidatendissertation 1966.

[24] *Michajlov, N. V.*, und *Šaraj, T. A.:* Über den kolloiden Zustand von Polymeren mit starrer Kette und die Anwendungsmöglichkeiten ihrer wäßrigen Suspensionen für die Modifizierung von Chemiefaserstoffen, Folien und anderen Polymermaterialien. Chim. Volokna (Chem. Fasern) (1969) 4, S. 32–35; dt. in: Sowj. Beitr. Faserforsch. Textiltechnik **6** (1969) 12, S. 632 bis 636.

[25] *Michajlov, N. V., Šaraj, T. A.*, und *Arsen'ev, A. N.:* Neue Ergebnisse auf dem Gebiet der Kolloidverfahren zur Herstellung von Faserstoffen und Folien. Chim. Volokna (Chem. Fasern) (1968) 5, S. 3–10; dt. in: Sowj. Beitr. Faserforsch. Textiltechnik **6** (1969) 1, S. 8–18.

[26] *Krasteleva, D. M.:* Kandidatendissertation 1968.

[27] *Michajlov, N. V.*, und *Arsen'ev, A. N.:* im Druck.

[28] *Rogovin, Z. A.:* Modifizierung von Cellulosefaserstoffen. Moskva: Chimija 1969.

[29] *Michajlov, N. V., Smirnova, V. N.*, und *Nessonowa, G. D.:* Über neue Wege der struktur-chemischen Modifizierung von Chemiefaserstoffen. Chim. Volokna (1970) 4, S. 2–7; dt. in: Sowj. Beitr. Faserforsch. Textiltechnik **7** (1970) 12, S. 624–631.

Eingegangen am 27. November 1970

Strukturbildung und -änderung bei der Erspinnung, Reckung und Nachbehandlung von Polyamid-6-Fäden[1)]

Heinz Dittmann

VEB Chemiefaserkombinat Schwarza „Wilhelm Pieck", Rudolstadt-Schwarza

DK 677.494.675'126:677.021.125.2/.5:539.2:[541.121:536.7]

Die Anisotropie- und thermodynamischen Ungleichgewichtszustände werden für verschiedene Produktionsstufen beschrieben.

Образование и изменения структуры в процессах формования, вытяжки и отделки волокон на основе полиамида-6

Для различных стадий производства описаны состояния анизотропии и термодинамического неравновесия.

Formation and Changes of the Structure in Spinning, Drawing and Processing of Polyamide-6-Filaments

The states of anisotropy and thermodynamic inequilibrium in various process stages are described.

1. *Einleitung*

Die Strukturbildung und -änderung bei der Erspinnung, Reckung und Nachbehandlung von Polyamid-6-Fäden soll daraufhin betrachtet werden, wie durch die einzelnen Prozeßstufen Anisotropie- und thermodynamische Ungleichgewichtszustände erzeugt und wieder abgebaut werden.

Der anisotrope Grundcharakter der Fäden sowie die von den Fadenformungsvorgängen her vorhandenen thermodynamischen Ungleichgewichtszustände bilden eine Quelle vielfältiger Schwierigkeiten auf dem Wege der Erzeugung gleichmäßiger Fäden, Flächengebilde und Fertigwaren, werden jedoch auch zur Erzielung spezieller Effekte ausgenutzt. Es war immer ein besonderes Anliegen der Chemiefaserforschung in Schwarza, derartige Probleme des Zusammenhangs zwischen den Herstellungsbedingungen einerseits und den Verarbeitungs- und Gebrauchseigenschaften andererseits zu bearbeiten.

2. *Schmelze und Erspinnung*

Die *Schmelze* befindet sich vor dem Auspressen aus der Düse weitgehend im thermodynamischen Gleichgewichtszustand und ist isotrop. Die Verformung in der Düse ist vorwiegend als Fließprozeß einer viskosen Flüssigkeit aufzufassen, wobei jedoch auch elastische Effekte eine gewisse Rolle spielen.

Auch die weitere Verformung des aus der Düse herausgetretenen *Spinnfadens* vom Durchmesser des Düsenlochs auf den Enddurchmesser unter der Wirkung des mechanischen Abzuges ist vorwiegend viskoser Natur. Sie ist nicht vom Deformationsverhältnis, sondern vom parallelen Geschwindigkeitsgradienten dv/dl abhängig. Die im Spinnschacht stattfindende Abkühlung erhöht die Viskosität schon in einer Entfernung von wenigen dm von der Düse sehr stark, so daß sich nahezu der gesamte Geschwindigkeitsgradient und damit der größte Teil der Verformung auf einen kleinen Abschnitt unterhalb der Düse konzentrieren. Weiterhin unterdrückt die in der Regel rasche Abkühlung entweder die Primärkristallisation völlig, wie beim Spinnen von Fäden aus Polyäthylenterephthalat (PÄT), oder die Primärkristallisation läuft unvollständig ab, und die dabei gebildete Gitterordnung ist weit vom thermodynamischen Gleichgewichtszustand entfernt. Derartige „mesomorphe" Ordnungsstrukturen stellen Zwischenstadien zwischen dem ungeordneten Zustand und der für das betreffende Polymere charakteristischen, stabilen Strukturmodifikation dar. Solche mesomorphe Strukturen bilden sich beim Spinnen von Polyamidfäden.

Wesentlich ist, daß durch derartige Kristallisationsvorgänge strukturelle Haftpunkte gebildet werden, die den Deformationsmechanismus im Faden grundlegend verändern: die viskose Deformation einer flüssigkeitsähnlichen Struktur mit elastischen Nebeneffekten geht in eine reibungsbehinderte Deformation einer netzwerkähnlichen Struktur über. Die auftretenden elastischen Rückstellkräfte werden durch das Rückknäuelungsbestreben der Kettenmolekülabschnitte zwischen den Haftpunkten (Entropieelastizität) und durch den energieelastischen Deformationswiderstand der Haftpunkte (Energieelastizität) hervorgerufen.

Die morphologische Struktur von Spinnfäden ist noch nicht ausreichend geklärt. Das Vorhandensein fibrillenförmiger Gebilde, die aus gefalteten Molekülketten bestehen und die als Bauelemente entarteter Sphärolithstrukturen angesehen werden können, ist durchaus wahrscheinlich.

Die Orientierungs- und Ordnungsgradänderungen des Spinnfadens in Abhängigkeit von der Zeit lassen sich

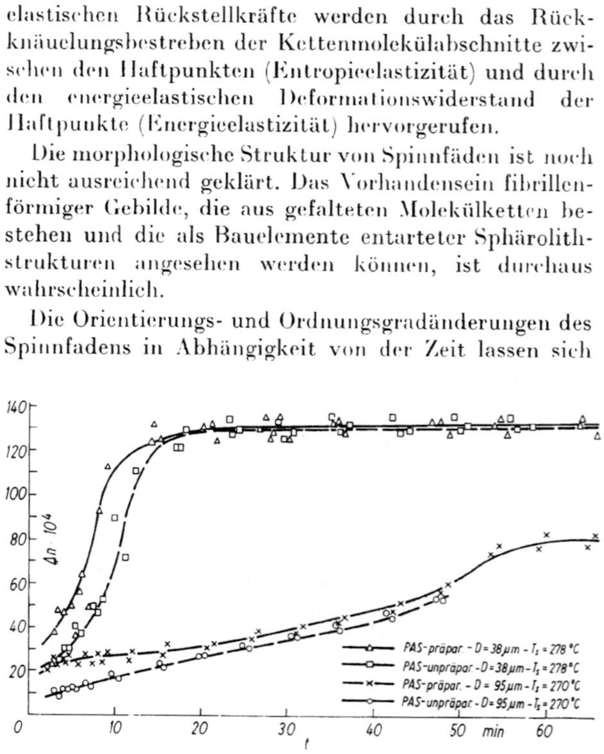

Bild 1a. Veränderung der Doppelbrechung Δn von PA-S nach der Erspinnung, $LV = 2{,}25$ (aus [1])
D = Fadendurchmesser T_s = Spinntemperatur

[1)] Vorgelesen durch *S. Kaufmann* auf dem 3. Internationalen Chemiefasersymposium in Dresden am 1. Dezember 1970.

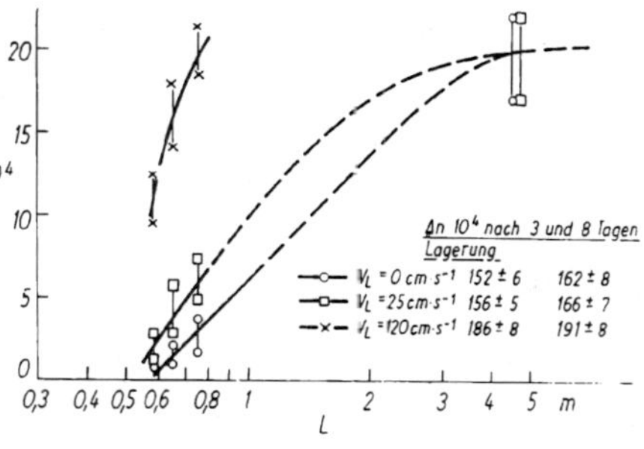

Bild 1b. Veränderung der Doppelbrechung Δn eines PA-Fadens nach dem Austritt aus der Spinndüse in Abhängigkeit vom Spinnweg L, $LV = 2{,}25$, $T_s = 278\,°C$ (aus [1]) V_L = Geschwindigkeit der Anblasluft

mit der Doppelbrechung in relativ einfacher Weise messen und sind in den Bildern 1a und b nach Messungen von *Kaufmann* [1] dargestellt.

Unterhalb der Düse ist die Doppelbrechung unmeßbar klein und erst ab 50 bis 60 cm unterhalb der Düse nachweisbar. Auf dem Weg von 58 cm unterhalb der Düse bis zur Präparationswalze entsprechend einer Zeit von 0,3 s ändert sie sich um den Faktor 10 bei nur geringer Durchmesseränderung. In den nächsten 20 bis 30 min findet nochmals eine Zunahme um fast eine Zehnerpotenz statt. Eintägige Lagerung im Normalklima erhöht die Doppelbrechung um weitere 20%.

Für unsere Betrachtung ist festzuhalten, daß der Spinnfaden anisotrope Eigenschaften besitzt und sich bezüglich des Ordnungszustandes in einem unterkühlten Zustand, d. h. im thermodynamischen Ungleichgewicht befindet. Es hängt vom Vorhandensein bzw. von der Festigkeit der kristallinen Haftpunkte ab, wie stabil der anisotrope Zustand des Fadens gegenüber thermischen Einwirkungen ist. So weist der amorphe PÄT-Spinnfaden einen gewaltigen Kochschrumpf auf, während der Polyamid-Spinnfaden unter den gleichen Bedingungen keine wesentliche Längenänderung zeigt.

3. *Reckung*

Die *Reckung* stellt einen tiefgreifenden Eingriff in die Fadenstruktur dar. Da über die Struktur des Spinnfadens noch keine genügenden Kenntnisse vorliegen, sind auch die Vorstellungen über den Mechanismus des Reckprozesses noch weitgehend hypothetisch.

Das aus einer Arbeit von *Kasai* [2] entnommene Bild 2 veranschaulicht die Richtung, in der sich die neueren Vorstellungen über den strukturellen Mechanismus des Reckprozesses bewegen. Es sind bei der Reckung schon kristallisierter Spinnfäden zwei Stadien zu unterscheiden:

1. Das Eindrehen und Verformen der Fibrillen in eine günstige Lage zur Reckrichtung,
2. Die Zerstörung der Fibrillen durch Abscheren und teilweise oder vollständige Entfaltung der Kettenmoleküle.

Bei dem vollständigen Strukturumbau wandelt sich die mesomorphe Strukturmodifikation des Polyamid 6 teilweise in die stabile monokline Modifikation um. In unserem Hause durchgeführte Röntgenuntersuchungen

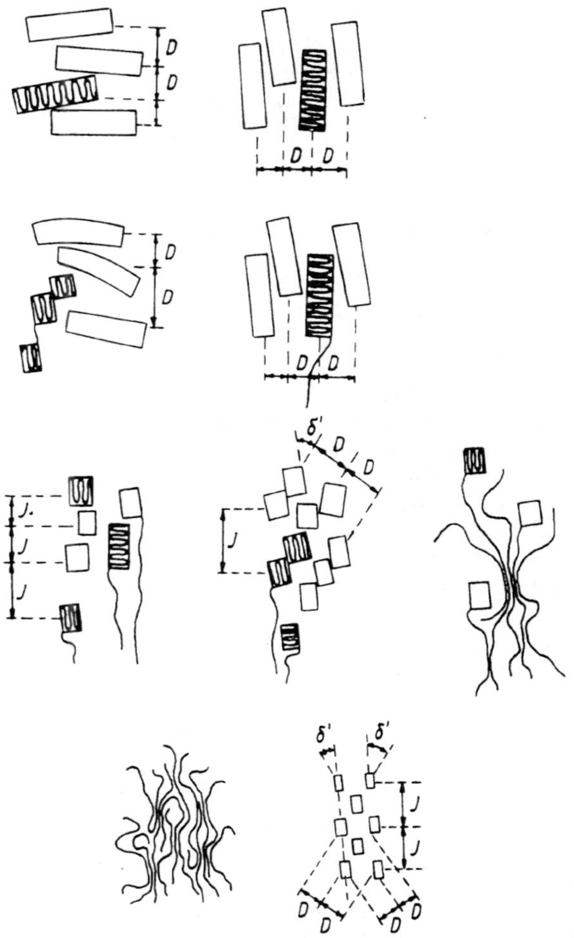

Bild 2. Struktureller Mechanismus des Reckprozesses (aus [2])

über den Reckmechanismus von Polyamid 6 lassen sich ebenfalls in dem u. a. von *Kasai* diskutierten Sinne deuten.

Die Reckung erhöht die *Anisotropie* des Fadens in starkem Maße. Die Doppelbrechung der gereckten Fäden nähert sich für große Reckverhältnisse einem Grenzwert, der einer maximalen Ausreckung der Kettenmoleküle zugeordnet werden kann (Bild 3) [1].

Ungeachtet der teilweisen Umwandlung der mesomorphen hexagonal-smektischen Strukturmodifikation

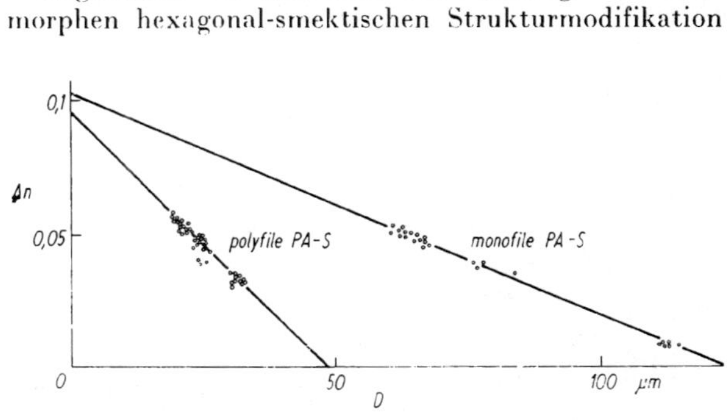

Bild 3. Doppelbrechung Δn in Abhängigkeit vom Fadendurchmesser D für Fäden verschiedenen Reckgrades (aus [1]). Die beiden Geraden stellen je eine Reckreihe dar, die aus der gleichen Spinnseide hergestellt wurde

Tabelle 1. Kenngrößen für Seide unmittelbar nach dem Recken und nach Annäherung an den Gleichgewichtszustand

Kenngröße	nach dem Reckprozeß ($r = 3{,}14$)	nach spannungsloser Behandlung in H_2O von 140 °C
Dichte in g/cm³	1,1394	1,1635
äquatoriale Breite der Langperiodeninterferenz (Fibrillendickenäquivalent) in Å	34	122

in die stabile monokline ist der Ordnungszustand des frisch gereckten Fadens weit vom Gleichgewicht entfernt. Dieser Tatbestand sei an der Dichte als Maß für den Ordnungsgrad und der äquatorialen Breite der Langperiodeninterferenz (Fibrillendickenäquivalent) als Maß für die Kristallitabmessungen und die Verzerrungen in den Kristalliten demonstriert, die für Seide unmittelbar nach dem Reckprozeß und nach spannungsloser hydrothermischer Behandlung in Wasser von 140 °C angegeben werden (Tabelle 1)[2]. Die Dichte und das Fibrillendickenäquivalent nehmen durch die Wasserbehandlung stark zu. Die Differenz zu den Werten vor der Behandlung veranschaulicht, daß der Abstand vom thermodynamischen Gleichgewicht (das natürlich auch durch die intensive Wasserbehandlung noch nicht erreicht wird) sehr groß ist.

Der erheblich gestörte *Ordnungszustand* geht mit einer starken Verspannung in den ungeordneten Bereichen einher. Diese läßt sich an der Temperaturlage des Hauptdispersionsgebietes ablesen, das durch das Beweglichwerden der Kettensegmente in den ungeordneten Bereichen hervorgerufen wird. Eine hohe Temperaturlage bedeutet eine geringe Beweglichkeit. Experimentell wurde die Temperaturlage des Hauptdispersionsgebietes durch Messung des dielektrischen Verlustfaktors in Abhängigkeit von der Temperatur bestimmt.

Aus der Tabelle 2 erkennt man den Verspannungszustand daran, daß die Temperaturlage des dielektri-

[2]) Die in den Tabellen 1, 2 und 3 sowie in den Bildern 4 bis 14 dargestellten Ergebnisse entstammen der Dissertation des Verfassers [3].

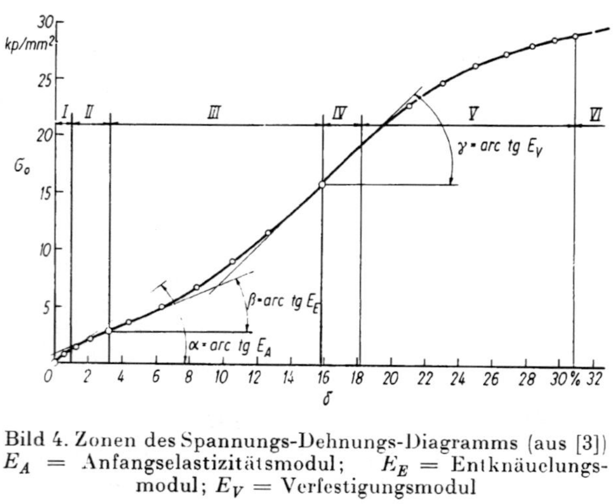

Bild 4. Zonen des Spannungs-Dehnungs-Diagramms (aus [3]) E_A = Anfangselastizitätsmodul; E_E = Entknäuelungsmodul; E_V = Verfestigungsmodul

Tabelle 2. Einfluß milder Trockenhitzebehandlung

Kenngröße	nach dem Reckprozeß ($r = 3{,}14$)	nach spannungsloser Trockenhitzebehandlung bei 100 °C
Temperaturlage des dielektrischen Verlustfaktormaximums (α-Gebiet) in °C	97	80,5

schen Verlustfaktormaximums durch eine relativ milde Trockenhitzebehandlung, die noch keine nachweisbaren Ordnungsgradänderungen hervorruft, erheblich abfällt.

Die Auswirkungen des Reckprozesses auf das *mechanische Verhalten* äußern sich u. a. in einem steilen Spannungs-Dehnungs-Diagramm. Bevor wir aber auf einige Gesetzmäßigkeiten des Spannungs-Dehnungs-Verhaltens gereckter Seide eingehen, soll in Bild 4 der grundsätzliche Verlauf des Spannungs-Dehnungs-Diagramms diskutiert werden. Es sind in Erweiterung der in der Literatur gegebenen Einteilung sechs Zonen zu unterscheiden:

Zone I: Anfangsbereich kleiner Dehnungen bzw. Spannungen, in dem die linearen viscoelastischen Gesetzmäßigkeiten weitgehend gelten. Je nach Lage der Einfriertemperatur im Verhältnis zur Beanspruchungstemperatur werden entweder nur Atombindungen und Valenzwinkel deformiert (Glasgebiet), oder es finden zusätzliche Platzwechsel größerer Molekülteile statt (Gebiet um die Einfriertemperatur und darüber). Die Deformation erzeugt noch keine wesentlichen irreversiblen Änderungen der Struktur.

Zone II: Bereich konkaver Krümmung zur Dehnungsachse (Umgebung des Knickpunktes). In diesem Bereich des Spannungs-Dehnungs-Diagramms werden die Platzwechselvorgänge größerer Molekülteile durch die zunehmende Spannung beschleunigt. Diese sogenannte „*Spannungsaktivierung*" kann als Erniedrigung der Einfriertemperatur aufgefaßt werden. Das molekulare Netzwerk mit Kristalliten und Wasserstoffbrücken als Haftpunkten wird vermutlich vor allem durch Zerstörung der Wasserstoffbrücken erweitert.

Zone III: Bereich konvexer Krümmung zur Dehnungsachse. Das erweiterte Netzwerk ermöglicht eine *Entknäuelung* und Streckung der Kettenmolekülteile in den ungeordneten Bereichen unter zunächst verhältnismäßig geringer Spannungserhöhung. Mit zunehmender Ausstreckung des Netzwerkes setzt die Verfestigung ein.

Zone IV: Steiler und nahezu linearer Anstieg des Spannungs-Dehnungs-Diagramms. Das Netzwerk wird zunehmend verfestigt (*Verfestigungsgebiet*) und erfordert zur weiteren Deformation eine stark zunehmende Spannung.

Zone V: Bereich konkaver Krümmung zur Dehnungsachse oberhalb des Verfestigungsgebietes und anschließender flacher Spannungsanstieg. Das molekulare Netzwerk wird zunehmend aufgelöst, indem seine Haftpunkte, vermutlich die Kristallite, teilweise zerstört werden. Die Kettenmoleküle können gegeneinander abgleiten (*Fließgebiet*), so daß die Deformation zum Teil plastischen Charakter annimmt.

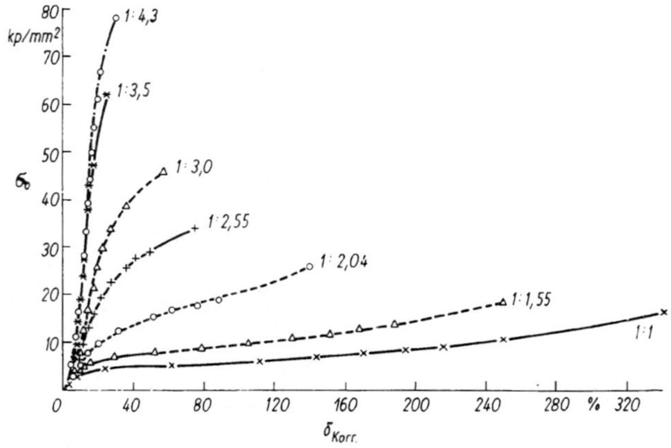

Bild 5. Spannungs-Dehnungs-Diagramme verschieden hoch gereckter PA-Fäden

Zone VI: An Zone V schließt sich eine weitere Verfestigung an, die jedoch nur bei niedrig gereckten Fäden erfaßbar ist, bevor der Bruch einsetzt.

Bild 5 zeigt die Spannungs-Dehnungs-Diagramme verschieden gereckter Fäden. Man erkennt, daß die Steilheit des Diagramms mit dem Reckgrad stark ansteigt, die einzelnen Zonen jedoch unabhängig vom Reckgrad im gleichen Dehnungsbereich liegen. Ermittelt man das mit dem Elastizitätsgrad eng verknüpfte Restdehnungsverhältnis

$$\frac{\delta_R}{\delta_{ges}} = 1 - \frac{\delta_{el}}{\delta_{ges}}$$

in Abhängigkeit von der Gesamtdehnung δ_{ges}, so ergibt sich nach Bild 6, daß das Restdehnungsverhältnis

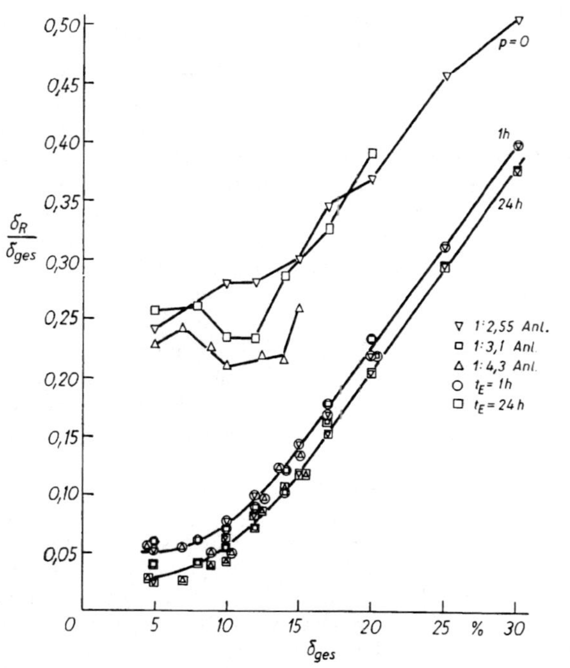

Bild 6. Restdehnungsverhältnis δ_R/δ_{ges} in Abhängigkeit von der Gesamtdehnung δ_{ges}, Reckgrade 1:2,55; 1:3,1; 1:4,3 Anlieferung. Dehnungszeit t = 90 min (aus [3]); t_E = Erholungszeit

bei gleicher Gesamtdehnung im wesentlichen unabhängig vom Reckgrad ist. Dieser Befund läßt sich dahingehend interpretieren, daß an Fäden unterschiedlichen Reckverhältnisses, die aus einer Reckreihe stammen und noch keiner intensiven hydrothermischen Behandlung unterworfen wurden, bei der Deformation um einen bestimmten Dehnungsbetrag weitgehend ähnliche Verlagerungen der Strukturelemente hervorgerufen werden, die sich nach einer Entlastung auch im gleichen Ausmaße wieder zurückbilden. Der Unterschied zwischen den Reckstufen besteht nur darin, daß mit steigendem Reckgrad wegen der höheren mittleren Orientierung die für eine bestimmte Verformung notwendige Spannung größer wird und sich aus dem gleichen Grunde das Fließgebiet (Zone V) verkürzt. Kleine Differenzen zwischen den Reckstufen sind nur im Entknäuelungsgebiet wegen des unterschiedlichen Ausmaßes der nach der Reckung eintretenden Desorientierung vorhanden.

4. *Wärmebehandlung (Fixierung)*

Die Eigenschaften der von der Reckmaschine kommenden Seide werden im Laufe der eventuell folgenden weiteren Bearbeitung beim Chemiefaserhersteller und auf jeden Fall im Verlauf der Verarbeitung in der Textilindustrie grundlegend geändert, d. h. die Eigenschaften der Reckzwirnseide finden sich im Endprodukt nicht wieder. Die Nachbehandlungs- und Verarbeitungseinflüsse bestehen im wesentlichen in mechanischen Beanspruchungen und in hydrothermischen Behandlungen.

Zugverformungen der gereckten Seide haben eine dem Reckprozeß analoge Wirkung auf die Struktur der Fäden. Bei Biege- und Torsionsbeanspruchungen treten inhomogene Verformungszustände auf. Aus Zeitgründen muß darauf verzichtet werden, näheres über die Strukturänderungen an gereckter Seide durch mechanische Beanspruchungen allein auszuführen.

Dagegen soll die Wirkung von *Wärmebehandlungen*, die man in der industriellen Praxis als Fixierprozesse bezeichnet, etwas eingehender erörtert werden. Für den Mechanismus des Fixierprozesses und den Fixiereffekt sind die äußeren Randbedingungen von grundsätzlicher Bedeutung. Es sind zwei Grenzfälle zu unterscheiden:

Grenzfall 1: äußere Kräfte = 0;
Grenzfall 2: Deformation = konstant.

Zwischen beiden Grenzfällen gibt es Übergänge, die praktisch besonders bedeutsam sind.

Das Wesen des Fixierprozesses besteht darin, daß er die innere Kräfteverteilung im Material an die äußeren Randbedingungen anzupassen sucht. Die inneren Kräfte verteilen sich in einer Weise, die unter den gegebenen Randbedingungen dem Zustand minimaler freier Energie möglichst nahe kommt.

Fixierprozesse nach Grenzfall 1 (äußere Kraft = 0) lösen eine Schrumpfung aus. Gleichzeitig finden *Strukturänderungen* statt, die sich in gedrängter Form wie folgt charakterisieren lassen:

Unter hydrothermischen Bedingungen verbessert sich der Ordnungszustand, wie aus der Dichtezunahme in Bild 7 und der Zunahme des Fibrillendickenäquivalents in Bild 8 ersichtlich ist. Ferner steigt die Lang-

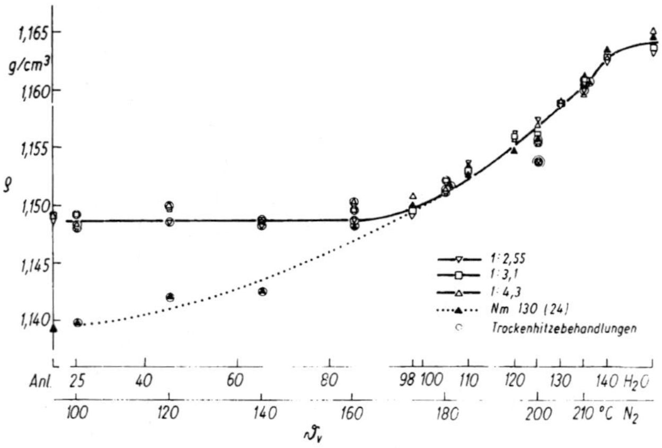

Bild 7. Dichte ϱ in Abhängigkeit von der Vorbehandlungstemperatur ϑ_v ($\Delta\vartheta_v = 75$ grd) (aus [3])

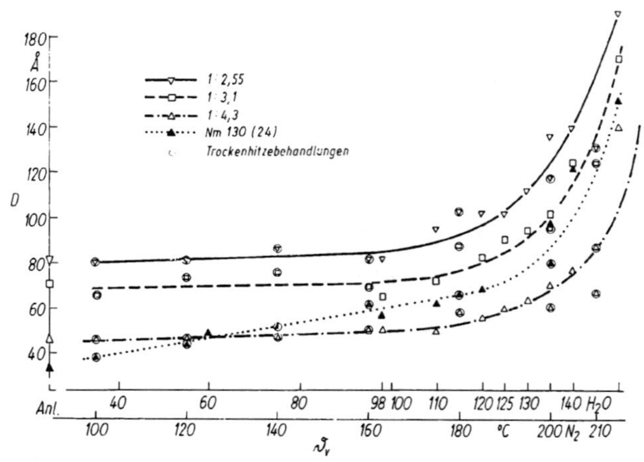

Bild 8. Fibrillendickenäquivalent D in Abhängigkeit von der Vorbehandlungstemperatur ϑ_v ($\Delta\vartheta_v = 65$ grd) (aus [3])

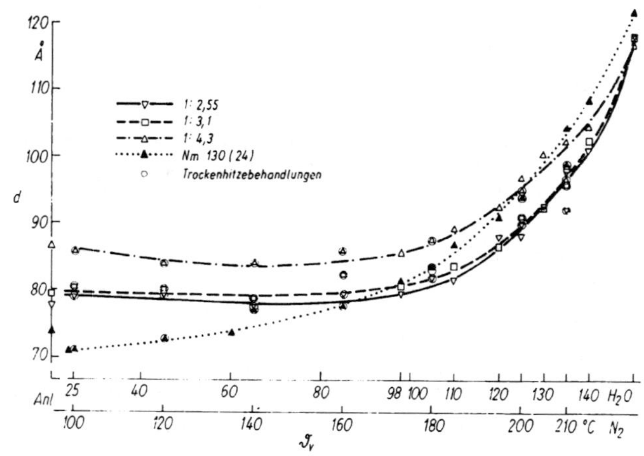

Bild 9. Langperiode d in Abhängigkeit von der Vorbehandlungstemperatur ϑ_v ($\Delta\vartheta_v = 75$ grd) (aus [3])

periode an, die als mittlerer Abstand zwischen geordneten und ungeordneten Bereichen in Faserlängsrichtung gedeutet werden kann (Bild 9).

Die Verschiebung der Temperaturlage des dielektrischen Verlustfaktormaximums für das Hauptdispersionsgebiet nach niedrigeren Temperaturen (Tabelle 3) zeigt an, daß sich die Beweglichkeit in den ungeordneten Bereichen erhöht. Alle diese Strukturänderungen deuten darauf hin, daß sich die verspannte und dadurch relativ homogene Struktur der gereckten Seide zunehmend in eine Zweiphasenstruktur aus gut und schlecht geordneten Bereichen „entmischt“.

Tabelle 3. Verschiebung der Temperaturlage des dielektrischen Verlustfaktormaximums

Behandlungsstufe	Temperaturlage °C
Reckzwirnseide	97
90 min H_2O 98 °C	94,5
90 min H_2O 110 °C	93
90 min H_2O 120 °C	93
90 min H_2O 135 °C	89,5
90 min H_2O 140 °C	89

Unter Trockenhitzebedingungen erhöht sich ebenfalls der Ordnungsgrad (Bilder 7 und 8). Um einen gegenüber hydrothermischen Bedingungen vergleichbaren Effekt zu erzielen, ist eine im Mittel um 75 grd höhere Temperatur erforderlich. Die in der Literatur vorhandenen widersprüchlichen Angaben über die Orientierungsänderungen durch Wärmebehandlungen sind darauf zurückzuführen, daß meist nur die Kristallitorientierung diskutiert wurde. Zu einer richtigen Beschreibung der Orientierungsänderungen muß jedoch das Zusammenspiel von Kristallitorientierung, Orientierung der ungeordneten Bereiche und mittlerer Orientierung betrachtet werden. Wir stellten fest, wie aus Zeitgründen ohne Vorlage der experimentellen Ergebnisse mitgeteilt werden soll, daß eine hydrothermische Behandlung die Kettensegmente in den ungeordneten Bereichen desorientiert und die Kristallitorientierung bei niedrig gereckten Fäden erhöht, bei hoch gereckten Fäden erniedrigt. Die Trockenhitzebehandlung ändert die Orientierung weniger als die hydrothermische Behandlung. Man kann die Orientierungsänderungen einerseits durch eine in Richtung der Faserachse bevorzugte Kristallisation und andererseits durch die Rückknäuelung von Kettenmolekülabschnitten in den ungeordneten Bereichen interpretieren. Die Kristallisationsprozesse in Orientierungsrichtung bauen die innere Energie ab, die Rückknäuelungsprozesse folgen dem Drang nach Zunahme der Entropie.

Die *mechanischen Eigenschaften* werden durch spannungslose Fixierprozesse in folgender Weise beeinflußt:

Wie Bild 10 zeigt, verschiebt die hydrothermische Behandlung die einzelnen Zonen des Spannungs-Dehnungs-Diagramms in Richtung höherer Dehnungs- und niedrigerer Spannungswerte.

Während, wie bereits erwähnt, bei den Anlieferungsproben verschiedenen Reckverhältnisses gleiche Zug*dehnungen* ähnliche Deformationsprozesse im Material auslösen, werden für die Stufen einer Behandlungsreihe weder bei gleicher Spannung noch bei gleicher Dehnung vergleichbare Deformationsprozesse angeregt. Nach Behandlung bei genügend hoher Temperatur werden für Proben verschiedenen Reckverhältnisses jetzt bei gleicher Zug*spannung* Deformationsmechanismen gleicher Beweglichkeitsstufe und Erholungsfähigkeit aktiviert.

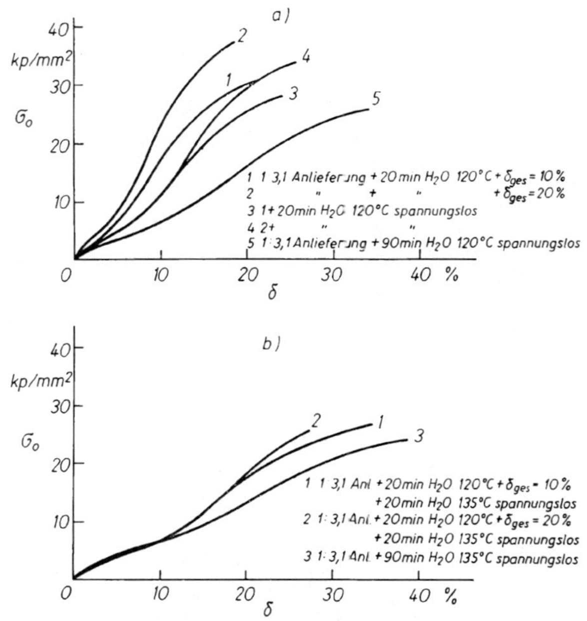

Bild 10. Spannungs-Dehnungs-Diagramme verschieden vorbehandelter PA-Fäden 7,7 (24) tex (aus [3])
Parameter: Vorbehandlungstemperatur
a: Vorbehandlung 90 min in Wasser
b: Vorbehandlung 90 min in Trockenhitze

Bild 11 veranschaulicht diesen Sachverhalt am Verlauf des Restdehnungsverhältnisses in Abhängigkeit von der Zugspannung. Die Trockenhitzebehandlung verursacht nur geringe Verschiebungen der Zonen des Spannungs-Dehnungs-Diagramms auf der Dehnungs- und Spannungsachse.

Für die Strukturänderungen und die Änderungen des Spannungs-Dehnungs-Verhaltens gilt ebenso wie für die Dimensionsänderungen in erster Näherung das *Additivitätsgesetz*, d. h., für den resultierenden Effekt ist die höchste Behandlungstemperatur maßgebend.

Die spannungslosen Fixierprozesse (nach Grenzfall 1) bewirken in besonders günstiger Weise einen Abbau der von der Reckung herrührenden Ungleichgewichtszustände und bringen das Material dem thermodynamischen Gleichgewichtszustand oder besser einem Quasi-Gleichgewichtszustand um so näher, je höher die Behandlungsintensität ist. Die Folge davon ist eine Stabilität der Eigenschaften bis zur Höhe der energetischen Fixierbedingungen, wobei die Dimensionsstabilität von besonderer praktischer Bedeutung ist.

Bei *Fixierprozessen nach Grenzfall 2* (Deformation = konstant) findet die Einstellung der minimalen freien Energie unter der Nebenbedingung der aufgebrachten Deformation statt. Solange die Deformation aufrechterhalten wird, läuft ein Spannungsrelaxationsprozeß ab. Zwischen dem Fixiergrad F (Quotient aus der Restdeformation δ_R nach dem Fixierprozeß und der aufgebrachten Deformation δ_{ges})

$$F = \frac{\delta_R}{\delta_{ges}}$$

und dem relativen Kraftabfall besteht ein enger korrelativer Zusammenhang. Als Beispiel für die Zugbeanspruchung dient Bild 12.

Außer den Fixierbedingungen (Höhe der Verformung, Temperatur, Aktivität des Quellmittels, zeitlicher Ab-

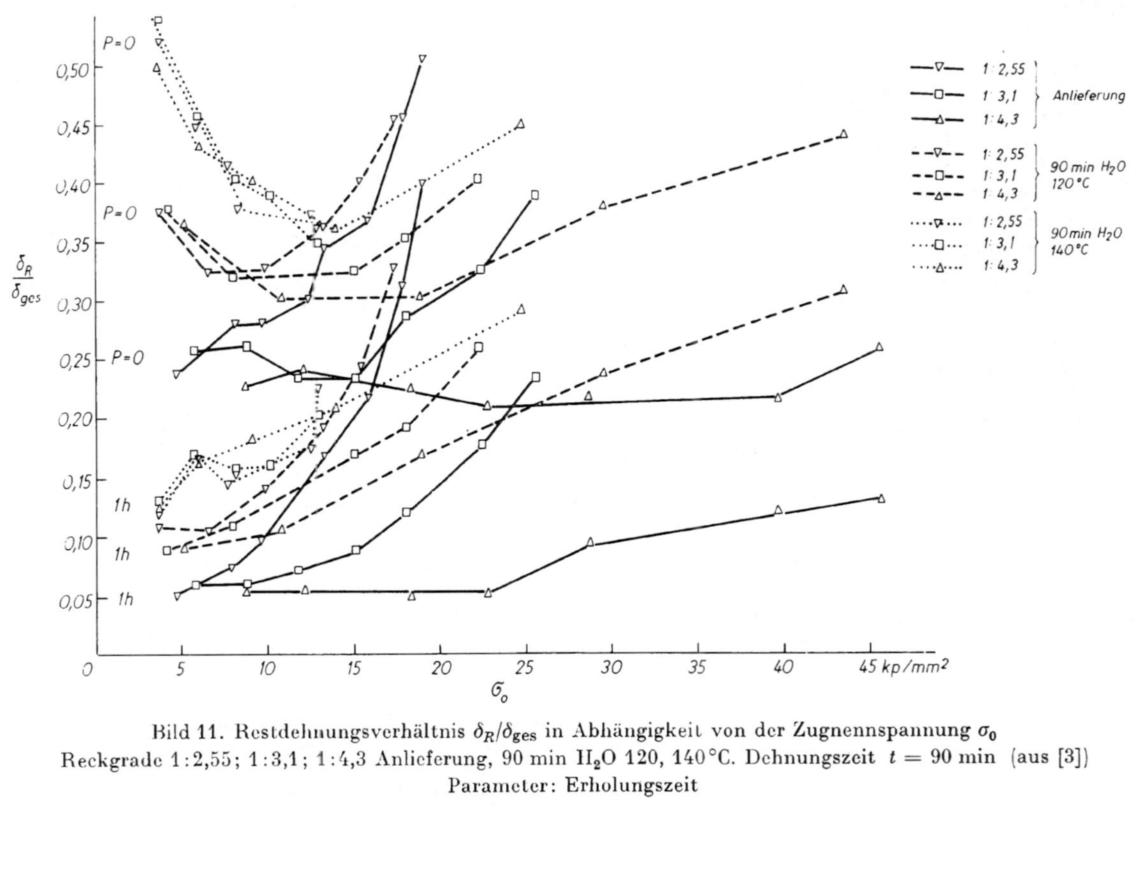

Bild 11. Restdehnungsverhältnis δ_R/δ_{ges} in Abhängigkeit von der Zugnennspannung σ_0
Reckgrade 1:2,55; 1:3,1; 1:4,3 Anlieferung, 90 min H_2O 120, 140°C. Dehnungszeit t = 90 min (aus [3])
Parameter: Erholungszeit

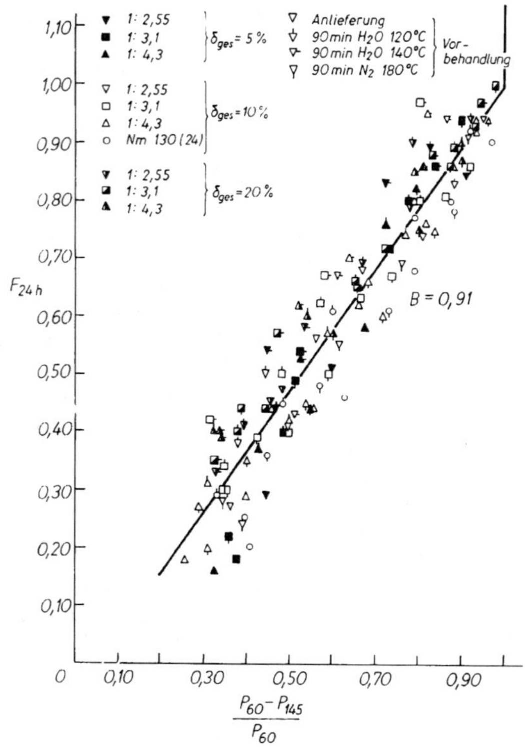

Bild 12. Fixiergrad F_{24h} in Abhängigkeit vom relativen Kraftabfall $(P_{60} - P_{145})/P_{60}$
Fixierung 25 min N_2 100; 120; 140; 160; 180; 200; 215 °C $+ \delta_{ges} = 5, 10, 20\%$ (aus [3])
B = Bestimmtheitsmaß der Korrelation

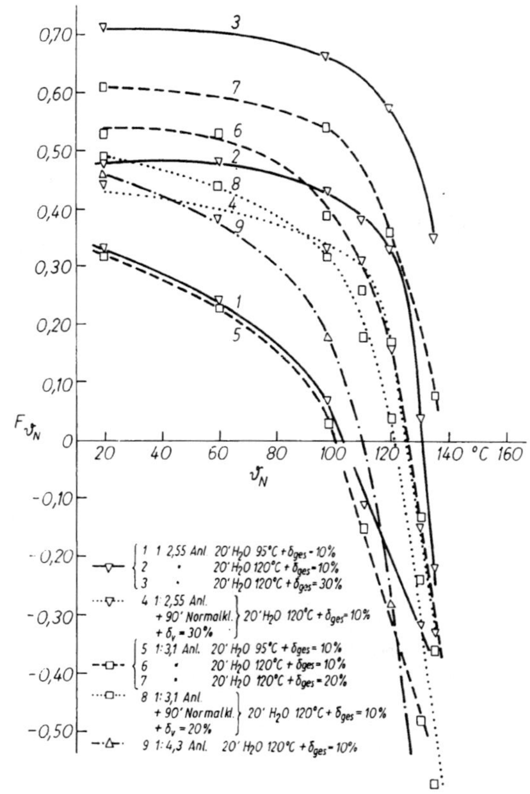

Bild 13. Fixiergrad F_{ϑ_N} in Abhängigkeit von der Nachbehandlungstemperatur ϑ_N (aus [3])

lauf) ist als Substanzeigenschaft die Relaxationsfähigkeit der Struktur von maßgebendem Einfluß auf den Fixiergrad. Hinzu kommen gewisse Rückwirkungen der Substanzeigenschaften auf die Fixierbedingungen, die durch die Wärmeausdehnung, die reversible entropieelastische Rückstellkraft und den Quellungsdruck hervorgerufen werden. Die Änderungen im *Ordnungszustand* laufen unter der Einwirkung einer Dehnung im wesentlichen genauso ab, wie im spannungslosen Zustand. Der mittlere Orientierungsfaktor liegt vorwiegend höher als im Anlieferungs- und spannungslos behandelten Zustand.

5. *Thermische Nachbehandlung*

Spannungslose hydrothermische bzw. thermische *Nachbehandlung* der unter konstanter Deformation fixierten Fäden verringert den Fixiergrad (Bild 13) und verändert die Fadeneigenschaften in Richtung auf den Zustand nach vergleichbarer Behandlung gemäß Grenzfall 1 unter weiterer Abnahme der freien Energie. Als Beispiel dienen die in Bild 14 dargestellten Spannungs-Dehnungs-Diagramme.

Man sieht also, daß alle thermischen Einwirkungen auf den gereckten Faden nach Maßgabe der äußeren Randbedingungen dahin wirken, daß sich der Abstand vom thermodynamischen Gleichgewichtszustand verringert.

6. *Auswirkungen auf die Verarbeitung*

Betrachtet man rückschauend noch einmal den gesamten Herstellungsprozeß, so stellt man fest, daß sich bis zum Zeitpunkt unmittelbar nach dem Recken der Anisotropie- und Ungleichgewichtszustand des Fadens bis zu einem Maximum erhöht. Dadurch werden

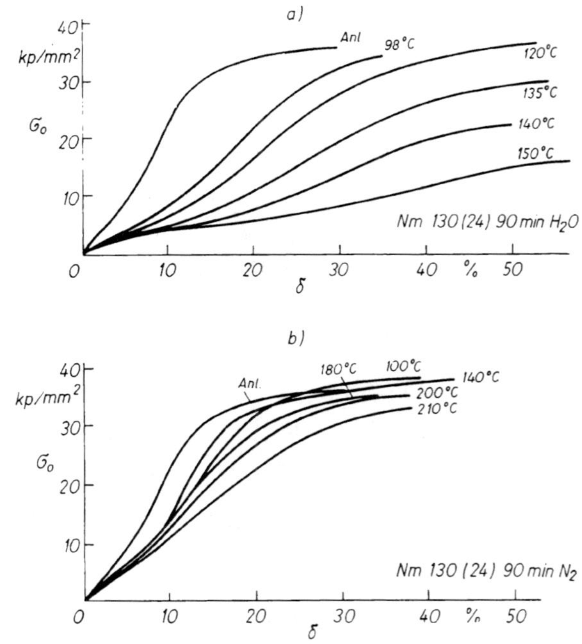

Bild 14. Einfluß der spannungslosen Nachbehandlung auf das Spannungs-Dehnungs-Diagramm von in Wasser fixierten Fäden (aus [3])
a: Nachbehandlung 20 min in Wasser von 120 °C
b: Nachbehandlung 20 min in Wasser von 135 °C

einerseits für Verarbeitung und Gebrauch wünschenswerte Eigenschaften erzeugt. Andererseits wird jedoch dem Faden das Bestreben mitgegeben, sich in einem thermodynamisch wahrscheinlicheren Zustand zurückzubegeben. Der Zustand vor dem Recken bzw. vor dem Spinnen läßt sich allerdings nur dann wieder erreichen, wenn der Faden bis zum Schmelzpunkt erwärmt wird (non-flow shrinkage), und auch dann nur bis auf die echten Fließverformungen, die vor allem beim Spinnprozeß eine wesentliche Rolle spielen. Es ist eine schwierige Aufgabe für den Chemiefaser- und Textiltechnologen, die skizzierten Eigenschaftsänderungen in den einzelnen Stadien des Produktionsprozesses so unter Kontrolle zu halten, daß ein genügend gleichmäßiges Endprodukt entsteht.

Wie wirkt sich die Variation der Eigenschaften, die durch Reckung aus einer bestimmten Spinnseide zu erzeugen ist, auf die Verarbeitung aus? Es sind zwei Grenzfälle zu unterscheiden:

- Niedrig gereckte, unbehandelte Seide ist wegen des geringen Anfangselastizitätsmoduls und des flachen Spannungs-Dehnungs-Diagramms empfindlich gegenüber Fadenzugkraftschwankungen in der Verarbeitung, wegen des flachen Verfestigungsgebietes und des ausgeprägten Fließgebietes wenig anfällig hinsichtlich Elementarfadenbrüchen sowie Fadenbrüchen und erleidet verhältnismäßig geringe Veränderungen durch hydrothermische Behandlungen in der Veredlung.
- Hoch gereckte, unbehandelte Seide ist wegen des hohen Anfangselastizitätsmoduls und des steilen Spannungs-Dehnungs-Diagramms wenig empfindlich gegenüber Fadenzugkraftschwankungen, wegen des steilen Verfestigungsgebietes und des kurzen Fließgebietes stark anfällig hinsichtlich Elementarfadenbrüchen und Fadenbrüchen und erleidet erhebliche Veränderungen durch hydrothermische Behandlungen.

Die Praxis orientiert sich in der Regel auf einen Kompromiß zwischen diesen beiden Grenzfällen. Fundierte Anforderungen von textiltechnologischer Seite für die einzelnen Einsatzgebiete fehlen bisher weitgehend.

Hier ergibt sich noch ein praktisch und wissenschaftlich interessantes Feld für textiltechnologische Arbeiten.

7. *Zusammenfassung*

7.1. Es werden die Anisotropie- und die thermodynamischen Ungleichgewichtszustände für die
Schmelze,
Erspinnung,
Reckung,
Fixierung (hydrothermische- und Trockenhitzebehandlung) und die thermische Nachbehandlung angegeben.

Insbesondere wird gezeigt, wie sich vom Zeitpunkt unmittelbar nach dem Austritt des Polymeren aus der Düse bis unmittelbar nach dem Recken die Anisotropie- und Ungleichgewichtszustände des Fadens bis zu einem Maximum erhöhen.

Die Wärmebehandlungen bewirken einen Abbau der von der Reckung herrührenden Ungleichgewichtszustände und bringen das Material dem thermodynamischen Gleichgewichtszustand um so näher, je höher die Behandlungsintensität ist.

7.2. Die Auswirkungen auf die Produktion werden angegeben und zwei Grenzfälle beschrieben.

Literatur

[1] *Kaufmann, S.:* Optische Bestimmung der übermolekularen Struktur von partiell kristallinen Faserstoffen, insbesondere von Polyamid 6. Dissertation Potsdam 1967.
[2] *Kasai, N.,* und *Kakudo, H.:* Fine texture in necking portions of cold-drawn polyethylene. J. Polymer Sci. A 2 (1964), S. 1955—1976.
[3] *Dittmann, H.:* Einfluß der Struktur auf den Fixiergrad und die Fixierbeständigkeit von Polyamidfäden. Dissertation Dresden 1970.

Eingegangen am 8. Dezember 1970

Modifizierte Cellulosematerialien für Medizin und Biologie[1)]

Z. A. Rogovin und *A. D. Virnik*
Moskauer Textilhochschule, Moskau, UdSSR

DK 677.46:677.862.2.:61:574/578

Eine der wichtigsten Richtungen bei der Modifizierung von künstlichen Cellulosefaserstoffen zwecks Gewinnung von Materialien mit neuen Eigenschaften ist die Entwicklung von biologisch aktiven Materialien, die in der medizinischen Praxis und verschiedenen Zweigen der Volkswirtschaft eingesetzt werden können. Die wichtigsten, in der Moskauer Textilhochschule entwickelten und praktisch bereits angewandten modifizierten Cellulosematerialien werden besprochen und Lösungswege zur Herstellung dieser Materialien aufgezeigt.

Модифицированные целлюлозные материалы для медицины и биологии

Одно из основных направлений химической модификации искусственных целлюлозных волокон с целью получения материалов с новыми свойствами — создание биологически активных материалов, используемых в медицинской практике и в различных отраслях народного хозяйства. Рассматриваются важнейшие типы модифицированных целлюлозных материалов, разработанные в Московском текстильном институте и получившие практическое применение, и показываются пути получения таких материалов.

Modification of Cellulose Materials for Medical and Biological Application

The modification of artificial cellulose fibres for preparing materials having unusual properties involves, as one of its most important branches, the preparation of biologically active materials for medical and various commercial applications. The most effective cellulose materials developed at the Textile High School of Moscow and already applied are discussed.

[1)] Vorgetragen von *Z. A. Rogovin* auf dem 3. Internationalen Chemiefasersymposium in Dresden am 2. Dezember 1970.

I. Einführung

Eine der interessantesten und aussichtsreichsten Richtungen bei der Bearbeitung allgemeiner Probleme der chemischen Modifizierung künstlicher Cellulosefasern mit dem Ziel, Materialien mit neuen Eigenschaften herzustellen, ist die Schaffung biologisch aktiver Materialien, die in der medizinischen Praxis sowie in verschiedenen Zweigen der Volkswirtschaft verwendet werden können.

Dieses Problem wird seit einer Reihe von Jahren in unserem Laboratorium bearbeitet. Als Ergebnis der durchgeführten Untersuchungen liegt gegenwärtig eine Reihe biologisch aktiver Materialien auf der Basis modifizierter Viskose- und Acetatfasern vor, die in beträchtlichem Umfang praktische Anwendung gefunden haben. In der vorliegenden Arbeit werden grundlegende Angaben über die Gewinnung solcher Materialien, die Herstellungsbedingungen und ihre Bewährung in der Praxis gemacht.

Zu solchen Materialien werden gerechnet:

a) verschiedene Typen antimikrobieller Materialien, die für unterschiedliche Zwecke benutzt werden können;
b) blutstillender Mull;
c) modifizierte Cellulosematerialien, die die Eigenschaften von Fermenten und Antigenen besitzen.

Die oben angeführten Typen biologisch aktiver Materialien erschöpfen nicht alle Möglichkeiten, die sich auf diesem neuen Gebiet eröffnen. Es genügt, auf die vom Organismus resorbierbaren Fasern mit schmerzstillenden, insektenabweisenden und anderen wertvollen Eigenschaften und die daraus hergestellten Erzeugnisse und Gewebe hinzuweisen, um die Möglichkeiten einzuschätzen, die sich in dieser Richtung eröffnen.

Während wir in unserem Laboratorium an der Lösung dieser Aufgaben arbeiten, erscheinen ständig neue Ergebnisse in der Literatur. Die Arbeiten auf dem Gebiet der Gewinnung biologisch aktiver Fasermaterialien werden in der Sowjetunion in breitem Umfang durchgeführt. Außer den Arbeiten unseres Laboratoriums zur Schaffung biologisch aktiver Materialien auf der Basis modifizierter Cellulosefasern sind aus Veröffentlichungen die Arbeiten des unter der Leitung von Professor *A. I. Meos* und Professor *L. A. Vol'f* stehenden Laboratoriums des Leningrader Instituts für Textil- und Leichtindustrie zur Gewinnung verschiedenartiger biologisch aktiver Materialien auf der Basis chemisch modifizierter Polyvinylalkoholfasern sowie auch die Arbeiten aus dem Institut für anorganische und allgemeine Chemie der Akademie der Wissenschaften der BSSR (Prof. *I. N. Ermolenko*) und einer Reihe anderer Laboratorien gut bekannt.

II. Gewinnung und Anwendung verschiedener Typen antimikrobieller Materialien

Bekanntlich sind Cellulosefasern, sowohl natürliche als auch künstliche, unbeständig gegenüber der Einwirkung verschiedener Mikroorganismen und werden durch deren Einwirkung rasch zerstört (sie faulen). Synthetische Fasern sind gegenüber der Einwirkung von Mikroorganismen beständig und faulen nicht, was einer der wesentlichen Vorzüge dieser Klasse von Chemiefasern ist, aber sie töten die Mikroorganismen nicht ab und verlangsamen deren Wachstum nicht, d. h., sie besitzen weder bakterizide (fungizide) noch bakteriostatische (fungistatische) Eigenschaften.

Durch gezielte chemische Modifizierung kann man Cellulosematerialien erhalten, die nicht nur beständig gegenüber der Einwirkung verschiedener Mikroorganismen sind, sondern ausgeprägte und in einer Reihe von Fällen sehr beträchtliche antibakterielle und antimykotische Eigenschaften besitzen.

Ungeachtet der verschiedenen Methoden und Reaktionswege, die zur Lösung dieser großen und wichtigen Aufgabe vorgeschlagen wurden, bleibt das Grundprinzip, das der Gewinnung solcher Materialien zugrunde liegt, unverändert: man muß in die Faser eine kleine Menge niedermolekularer, aktiv wirkender bakterizider oder fungizider Stoffe einführen, die, langsam aus der Faser herausdiffundierend, mit den Mikroorganismen in Kontakt treten und deren Wachstum hemmen oder sie abtöten. Zur Lösung dieser Aufgabe können zwei Methoden herangezogen werden:

a) Das Einbringen einer kleinen Menge des niedermolekularen bakteriziden oder fungiziden Stoffes in die Spinnlösung oder in die Schmelze des Polymeren, damit dieser Stoff dann hinreichend gleichmäßig in der ersponnenen Faser verteilt ist.

Diese Methode kann mit Erfolg zur Gewinnung biologisch aktiver Materialien auf Basis eines beliebigen Typs chemischer Fasern angewendet werden. Es gibt eine große Zahl von Patenten und Aufsätzen, die sich mit der Schaffung antimikrobieller Fasern durch Einbringen von Zusätzen dieser oder jener bakteriziden oder fungiziden Stoffe in den verschiedenen Stadien des technologischen Prozesses der Chemiefaserherstellung befassen. Der Vorteil dieser Variante ist die Einfachheit ihrer Durchführung, da die Herstellung antimikrobieller Fasern nach diesem Schema keine zusätzliche Behandlung oder speziellen Apparaturen erfordert. Der wesentliche Nachteil dieses Verfahrens, der die Einsatzmöglichkeit solcher Fasern zur Herstellung eines breiten Sortiments von Erzeugnissen begrenzt, ist die unzureichende Beständigkeit des erzielten Effektes gegenüber einer wiederholten nassen Behandlung (Wäsche). Die in die Faser eingeführten wasserlöslichen bakteriziden Stoffe, deren Wasserlöslichkeit gerade die Voraussetzung für ihre Wirksamkeit ist, werden nach und nach aus der Faser herausgewaschen, besonders aus den in Wasser quellenden hydrophilen Regeneratcellulosefasern, und dementsprechend verschwindet die antimikrobielle Wirkung der Materialien, die nach der oben genannten Methode erhalten wurden. Außerdem ist die Auswahl der bakteriziden niedermolekularen Stoffe, die als Zusätze benutzt werden können, begrenzt durch die Forderungen hinsichtlich ihrer Beständigkeit gegenüber der Einwirkung chemischer Reagenzien (insbesondere Natronlauge) und gegenüber der Einwirkung höherer Temperaturen (bei Einbringen der Zusätze in die Schmelze).

Aus diesen Darlegungen ist zu ersehen, daß diese Methode nur für die Herstellung eines solchen Sortiments von Erzeugnissen von größerem Interesse sein kann, bei deren Anwendung keine längere Behandlung mit Wasser und insbesondere keine mehrfach wiederholte Wäsche erfolgt. Für solche Anwendungsgebiete ist diese Methode der Herstellung antimikrobieller und anderer biologisch aktiver Materialien, wie unten im einzelnen gezeigt wird, durchaus akzeptabel und aussichtsreich.

b) Chemische Bindung niedermolekularer Stoffe mit bakterizider Wirkung an reaktionsfähige Gruppen der Makromoleküle von Cellulosederivaten.

Die Festigkeit der Bindung dieser Stoffe an die Cellulosederivate ist von entscheidender Bedeutung bei der Synthese antimikrobieller Cellulosederivate. Wie oben gezeigt wurde, beruht die Wirkung der antimikrobiellen Fasermaterialien auf einer allmählichen hydrolytischen Abspaltung der an die reaktionsfähigen Gruppen des Polymeren gebundenen niedermolekularen bakteriziden Stoffe und auf derem allmählichen Diffundieren an die Oberfläche des Materials. Wenn die Bindung sehr fest und vollständig gegen hydrolytische Einwirkungen (Feuchte) beständig ist, dann findet keine Abspaltung des bakteriziden Stoffes statt, und das Material, das den bakteriziden Stoff gebunden enthält, zeigt keine antimikrobielle Aktivität. Wenn die Bindung sehr schwach ist und bei der Einwirkung hydrolysierender Reagenzien rasch gespalten wird, dann ist nach ein bis zwei Wäschen der an das Cellulosederivat gebundene bakterizide Stoff vollständig aus der Faser entfernt und der antimikrobielle Effekt des Gewebes oder der Trikotagenerzeugnisse verschwunden.

Deshalb ist die richtige Auswahl des Charakters der funktionellen Gruppen im Molekül, die die Festigkeit der Bindung zwischen dem Cellulosederivat und dem bakteriziden Stoff bestimmen, eine wesentliche und wichtige Bedingung für die Herstellung modifizierter Cellulosefasern mit einer länger anhaltenden antimikrobiellen Wirkung, die bei mehrfach wiederholter Wäsche nicht verschwindet. Die Bindung muß hinreichend beständig gegenüber der Einwirkung von Waschmitteln in siedendem Wasser sein, aber dennoch sehr langsam und allmählich infolge der genannten Einwirkung gespalten werden. Wie bereits oben gezeigt wurde, hat ein Gewebe, das einen niedermolekularen Stoff von hoher bakterizider oder fungizider Aktivität chemisch gebunden enthält, keine antimikrobielle Wirkung, wenn eine sehr feste, gegenüber der Einwirkung von Wasser bei verschiedenen Temperaturen vollständig beständige Bindung vorliegt.

Die Tabellen 1 und 2 enthalten einige Angaben über den Einfluß des Typs der Bindung zwischen den Cellulosederivaten und den bakteriziden Stoffen auf die antimikrobielle Aktivität der modifizierten Cellulosematerialien.

Wie aus Tabelle 1 zu ersehen ist, weist das Fasermaterial, wenn das Rivanol über eine ionische oder eine polare, verhältnismäßig leicht hydrolysierbare Bindung an das Cellulosederivat gebunden ist, antimikrobielle Aktivität auf. Bei Bildung einer beständigen, unter milden Bedingungen nicht hydrolysierbaren C–N-Bindung zwischen dem Rivanol und den funktionellen Gruppen der modifizierten Cellulose tritt keine antimikrobielle Aktivität auf.

Wie man aus den Angaben in Tabelle 2 entnehmen kann, zeigen Celluloseäther, die Halogen enthalten, das über eine C-Halogen-Bindung in dem Alkyl- oder Arylrest des Celluloseäthers gebunden ist, selbst bei relativ hohem Gehalt an gebundenem Halogen keine antimikrobielle Aktivität, während andere Typen von Cellulosederivaten bei geringerem Gehalt an gebundenem Halogen eine deutlich ausgeprägte antimikrobielle Aktivität aufweisen.

Tabelle 1. Einfluß der Struktur des Cellulosederivates mit chemisch gebundenem Rivanol auf die antimikrobielle Aktivität des Materials [1]

Typ der Bindung	Struktur des Cellulosederivates	Menge an gebundenem Rivanol ‰	Antimikrobielle Wirkung
ionisch	$Cell-SO_3^-H_3N^+R$	8,0	+
ionisch	$Cell-COO^-H_3N^+R$	8,0	+
kovalent C=N	$Cell-CH=N-R$	9,0	+
kovalent C–N	$Cell-O-CH_2-CH(OH)-CH_2-NH-R$	8,0	–
kovalent C–N	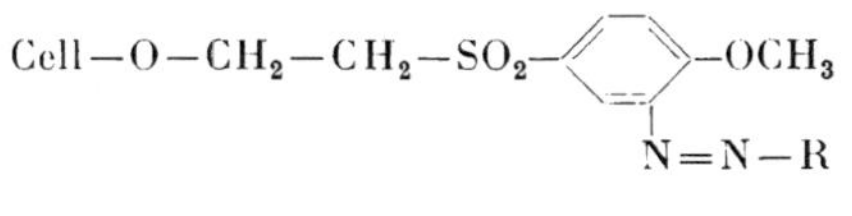	11,0	–
kovalent C–N	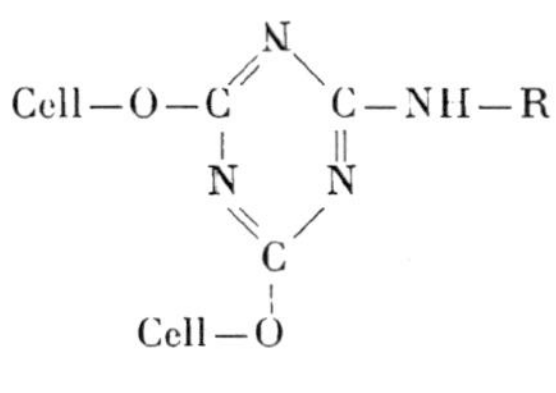	9,6	–

Darin ist R der Rivanolrest 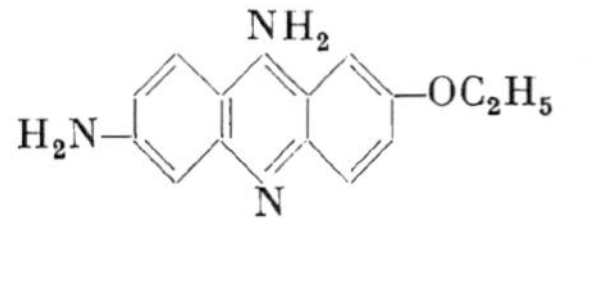

Tabelle 2. Einfluß der Struktur des Cellulosederivates mit chemisch gebundenem Halogen auf die antimikrobielle Aktivität des Materials [2]

Typ der Bindung	Struktur des Cellulosederivates	Menge an gebundenem Halogen %	Antimikrobielle Wirkung
kovalent C–J	$Cell-(O-CH_2CH_2SO_2-C_6H_4-OCH_3)_x$	11,2	–
kovalent C–Br	$Cell-(O-CH_2-CH(OH)-CH(Br)-CH_2Br)_x$	10,0	–
kovalent C–Cl	$Cell-(O-CH_2-CH(OH)-CH_2Cl)_x$	7,0	–
kovalent C–Cl	$Cell-(O-CH_2-CH_2SO_2-C_6H_3(Cl)-OCH_3)_x$	2,5	–
kovalent N–Cl	$Cell-(O-CH_2-CH_2SO_2-C_6H_3(NHCl)-OCH_3)_x$	3,1	+
kovalent N–Cl	$Cell-(O-CH_2-CH(OH)-CH_2-N(H)Cl)_x$	2,8	+
koordinativ	$Cell-(CH-CH_2-)_n$, am CH: Pyridinring mit CH_3 und $\ddot{N}[J_2]$	3,0	+
koordinativ	$Cell-(CH-CH_2-)_n$, am CH: $[J_2]\ddot{N}-C{=}O$ im Ring mit $CH_2CH_2CH_2$	1,0	+

Tabelle 3. Einfluß des Typs der Bindung zwischen dem Cellulosederivat und den zinnorganischen Verbindungen auf die Beständigkeit der antimikrobiellen Aktivität des modifizierten Cellulosematerials gegenüber wiederholten Wäschen

Typ der Bindung	Struktur des Cellulosederivates	Menge an gebundenem Zinn ‰	Antimikrobielle Aktivität vor der Wäsche	Antimikrobielle Aktivität nach der Wäsche
$O-SnR_3$	$Cell-(CH_2-CH(COOSnR_3))_n$	1,7	+	+
$S-SnR_3$	$Cell-O-CH_2-CH(OH)-CH_2(S-SnR_3)$	1,5	+	+
$S-SnR_3$	$Cell-O-CH_2-CH_2-SO_2-C_6H_3(S-SnR_3)-OCH_3$	1,4	+	+
$-C{\equiv}C-SnR_3$	$Cell-O-CH_2-C{\equiv}C-SnR_3$	5,6	+	–
$C-SnR_3$	$Cell-O-CH_2-CH_2-CH_2-SnR_3$	6,0	+	+

Analoge Gesetzmäßigkeiten zeigen sich bei anderen Cellulosederivaten, die Silber- oder Kupferionen und andere bakterizide Stoffe chemisch gebunden enthalten [2, 3, 4].

Wenn der bakterizide Stoff über eine leicht hydrolysierbare Bindung gebunden ist, dann erscheint es unmöglich, ein waschbeständiges antimikrobielles Material zu erhalten.

In Tabelle 3 sind einige Ergebnisse angeführt, die den Einfluß des Typs der chemischen Bindung zwischen Cellulosederivat und zinnorganischer Verbindung auf die Waschbeständigkeit der antimikrobiellen Aktivität des Materials illustrieren.

Zur Gewinnung modifizierter Cellulosematerialien mit chemisch gebundenen bakteriziden Stoffen und bleibendem antimikrobiellem Effekt nach mehrfacher Wäsche können verschiedene Klassen von Cellulosederivaten herangezogen und verschiedenartige niedermolekulare bakterizide Stoffe verwendet werden. Für die Synthese von Materialien aber, die für eine praktische Anwendung in Betracht kommen, muß eine Reihe zusätzlicher Forderungen erfüllt werden. Die wesentlichsten davon sind:

a) die Möglichkeit, die Cellulosederivate mit den erforderlichen reaktionsfähigen Gruppen nach einem hinreichend geläufigen Verfahren herzustellen;

b) die Durchführung dieses Prozesses in Apparaten, die in den Chemiefaserbetrieben oder in den Färbereiund Textilveredlungsbetrieben vorliegen;

c) die Synthese der erforderlichen Cellulosederivate muß ohne wesentlichen zusätzlichen Abbau der Cellulose und ebenso ohne merkliche Verschlechterung der Gesamtheit der mechanischen Eigenschaften erfolgen;

d) die zur Bindung an die Cellulosederivate verwendeten bakteriziden und fungiziden Stoffe müssen hinreichend zugänglich sein, ein breites antimikrobielles Wirkungsspektrum besitzen, geruchlos sein und dürfen keine toxische oder entzündungserregende Wirkung auf den menschlichen Organismus ausüben.

Ausgehend von diesen Forderungen, hielten wir es für zweckmäßig, die zur Gewinnung der antimikrobiellen Fasern und Gewebe zu verwendenden Cellulosederivate nicht durch Synthese der entsprechenden Celluloseäther herzustellen, sondern durch Färbung der Faser oder des Gewebes mit Farbstoffen, die die für die nachfolgende Umsetzung mit den bakteriziden Stoffen erforderlichen Gruppen enthielten (vornehmlich Sulfogruppen) [5], oder durch Synthese von Pfropfcopolymeren der Cellulose mit Monomeren, die Carboxylgruppen oder Pyridinringe enthielten, die zur Bildung einer festen Bindung mit den niedermolekularen bakteriziden Stoffen fähig sind [6 bis 8].

Das Schema für die Herstellung von modifizierten Cellulosederivaten mit antimikrobieller Wirkung, ausgehend von Reaktionsprodukten der Cellulose mit aktiven, Sulfogruppen enthaltenden Farbstoffen, lautet wie folgt:

$$\text{Cell—O—Farbstoff—}SO_3H + H_2N\text{—Neomyzin} \rightarrow$$

$$\text{Cell—O—Farbstoff—}\overset{\ominus}{SO_3}H_3\overset{\oplus}{N}\text{-Neomyzin}$$

Zweckmäßiger für die chemische Bindung des bakteriziden Reagenzes ist es, Pfropfcopolymere der Cellulose mit Polyacrylsäure und Poly-2-methyl-5-vinylpyridin mit einem relativ niedrigen Gehalt an gepfropftem Polymeren zu verwenden. Diese Cellulosederivate werden nach in unserem Labor ausgearbeiteten Synthesemethoden von Pfropfcopolymeren durch radikalische Polymerisation in wäßriger Lösung oder in einer Emulsion des Monomeren unter Bedingungen erhalten, bei denen die Bildung von Homopolymerem ausgeschlossen ist und kein Abbau der Cellulose stattfindet.

Von der großen Anzahl bakterizider Stoffe, die zur Herstellung antimikrobieller Cellulosematerialien verwendet werden können, sind nach unseren Erfahrungen Hexachlorophen und Kupfer (oder in einzelnen Fällen auch Silber) vom größten praktischen Interesse. Hexachlorophen (2,2′-Dioxy-3,3′,5,5′,6,6′-hexachlorodiphenylmethan) besitzt ein hinreichend breites antimikrobielles Wirkungsspektrum, eine hohe Aktivität und geringe Toxizität. Es sei hier darauf hingewiesen, daß man der Seife zur Erzielung eines antimikrobiellen Effektes eine geringe Menge Hexachlorophen zusetzt. Deshalb ist die Anwendung dieses bakteriziden Stoffes zur Herstellung antimikrobieller Cellulosematerialien, die unmittelbar mit dem menschlichen Körper in Berührung kommen, vollkommen gerechtfertigt und zweckmäßig. Am zweckmäßigsten ist es, zur Bindung des Hexachlorophens das Pfropfcopolymere der Cellulose mit Poly-2-methyl-5-vinylpyridin zu verwenden. Das Vorliegen von Pyridingruppierungen in diesem modifizierten Cellulosepräparat führt zur Bildung einer hinreichend beständigen Verbindung mit dem Hexachlorophen. Diese Verbindung, deren Struktur nachstehend schematisch dargestellt ist,

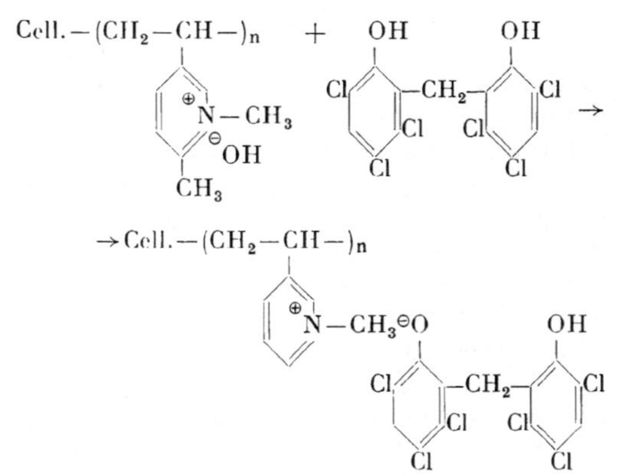

hat eine hohe antimikrobielle Wirkung, die auch nach wiederholter Behandlung mit Wasser erhalten bleibt, und fand in unserem Land zur Herstellung von Leibwäsche mit antimikrobiellen Eigenschaften Verwendung.

Das Herstellungsschema des Pfropfcopolymeren der Cellulose mit Polyacrylsäure, das chemisch gebundene bakterizide Kationen enthält, ist folgendes:

$$\text{Cell.}-(CH_2-\underset{\displaystyle COONa}{CH}-)_n + [\overset{\oplus}{B}K)]\overset{\ominus}{A} \rightarrow$$

$$\rightarrow \text{Cell.}-(CH_2-\underset{\displaystyle \overset{\ominus}{COO}\overset{\oplus}{[BK]}}{CH}-)_n + \overset{\oplus}{Na}\overset{\ominus}{A}$$

$$[BK]^{\oplus} = Ag^+,\ Cu^{2+},\ \overset{+}{N}H_3\text{-Neomyzin}$$

$$A^{\ominus} = CH_3COO^-,\ SO_4^{--},\ NO_3^-,\ Cl^-$$

Durch Einführung von Kupfer in das Molekül des Cellulosederivates, insbesondere des Pfropfcopolymeren der Cellulose mit Polyacrylsäure und Polymethacrylsäure, erhält man Materialien mit hoher antimikrobieller Aktivität [2].

Ein breiteres Wirkungsspektrum kann man erzielen, wenn man das Silbersalz des Pfropfcopolymeren der Cellulose mit Polyacryl- oder Polymethacrylsäure herstellt.

Es ist jedoch selbstverständlich, daß die Anwendung der bedeutend besser zugänglichen und viel billigeren Kupfersalze derartiger Cellulosederivate, die eine für die Mehrzahl der Anwendungsgebiete ausreichende antimikrobielle Aktivität besitzen, wesentlich zweckmäßiger und effektiver ist. Dieser Typ von Cellulosederivaten kann in einer ganzen Reihe von Anwendungsgebieten eingesetzt werden (keimfreie Berufsbekleidung, Bettwäsche, Verpackungsmaterial usw.).

Materialien mit hoher antimikrobieller Aktivität können auch durch Einführung von Quecksilber oder Zinn in das Cellulosederivat hergestellt werden. Als charakteristische Besonderheit dieser Klasse von Cellulosederivaten erweist sich die Möglichkeit, den verlangten antimikrobiellen Effekt durch Einführung einer sehr geringen Menge Quecksilber oder Zinn in die modifizierte Cellulose (0,1 bis 0,2%, bezogen auf Cellulose) zu erzielen und ein Material zu erhalten, das nicht nur gegenüber Bakterien, sondern auch gegenüber Schimmelpilzen von hoher Aktivität ist. Die Anwendung dieser weniger zugänglichen Stoffe kann jedoch gegenwärtig für die Praxis nicht empfohlen werden. Außerdem gibt es keine hinreichend eindeutigen Angaben darüber, ob es möglich ist, Fasern aus quecksilber- oder zinnhaltigen Cellulosederivaten zur Herstellung von Leibwäsche, Bettzeug und anderen Gegenständen des persönlichen Bedarfs zu verwenden.

Die antimikrobielle Aktivität der angeführten Typen von modifizierten Cellulosematerialien, in denen die bakteriziden und fungiziden Stoffe unter Ausnutzung verschiedener Bindungstypen an das Cellulosemakromolekül gebunden sind, bleibt bei wiederholter Behandlung mit Wasser erhalten und ist nach 20 bis 40 Wäschen nicht merklich verändert.

Der Einsatzbereich der modifizierten antimikrobiellen Cellulosefasern erweitert sich ständig. Auf Grund unserer Versuchserfahrungen können in der augenblicklichen Etappe der Untersuchungen als wirkungsvollste Anwendungsgebiete solcher Materialien die folgenden genannt werden:

a) Herstellung von nichtgewebten Filtermaterialien, die zur Entkeimung der Luft in Antibiotikabetrieben, für Betriebe der mikrobiologischen Industrie, zum Einsatz bei der Aufbereitung der Komponenten des Blutes und auch in den chirurgischen Kliniken vorgesehen sind [12, 13]. Versuche, die unter Produktionsbedingungen in verschiedenen Betrieben über eine längere Zeit durchgeführt wurden, zeigten die hohe Wirksamkeit der Anwendung dieser Materialien, welche die Reinigung der Luft während einer langen Zeit ohne Erneuerung und zusätzliche Sterilisation des Filtermaterials garantieren. Natürlich besteht bei der Anwendung antimikrobieller Fasern für die genannten Zwecke, wobei das Material keiner Behandlung mit Wasser unterworfen wird, nicht die Notwendigkeit, die komplizierteren Methoden der chemischen Bindung des bakteriziden Stoffes an die modifizierte Cellulose heranzuziehen. Für die genannten Zwecke kann mit Erfolg eine Viskosefaser benutzt werden, in die der bakterizide Stoff (Hexachlorophen) während der Herstellung der Spinnlösung eingeführt wurde.

b) Herstellung von Leibwäsche und Bettzeug für Kranke, in erster Linie für solche Stationen, in denen sich Kranke befinden, deren Körper keine Widerstandskraft gegen Infektionen hat (z. B. bei der Transplantation einer Niere oder anderer Organe).

Antimikrobielle Wäsche ist auch für solche Menschen erforderlich, die sich unter speziellen Arbeitsbedingungen nicht regelmäßig waschen können [15].

Da dieses Sortiment von Erzeugnissen für eine mehrfache Benutzung vorgesehen und folglich wiederholten Wäschen unterworfen ist, kann für diese Zwecke nur eine modifizierte Cellulosefaser verwendet werden, die den bakteriziden Stoff chemisch gebunden enthält. Eine der annehmbarsten Varianten zur Lösung dieser Aufgabe ist die chemische Bindung des Hexachlorophens an die reaktionsfähigen Gruppen im Molekül des Pfropfcopolymeren der Cellulose mit Poly-2-methyl-5-vinylpyridin nach obigem Schema.

c) Herstellung von Kitteln, Hosen, Hauben für medizinisches Personal, Bezugs- und Dekomaterialien für Krankenhäuser und andere Anstalten, in denen die Menge der Mikroorganismen herabgesetzt werden muß [14].

d) Von wesentlichem Interesse ist die Benutzung dieser Materialien für die Herstellung von Verpackungsmaterial zur Aufbewahrung steriler chirurgischer Instrumente. Eine Verpackung aus antimikrobiellem Gewebe garantiert die Erhaltung der Sterilität von chirurgischen Instrumenten und Verbandszeug über einige Monate. Die Anwendung einer solchen Verpackung hat eine erhebliche Bedeutung für Erste-Hilfe-Stationen und auch in abgelegenen ländlichen und Hochgebirgsgegenden.

Da diese Erzeugnisse nicht mit dem menschlichen Körper in Berührung kommen, aber ebenfalls gegenüber nassen Behandlungen und wiederholten Wäschen beständig sein müssen, ist es zweckmäßiger, hierfür ein zugänglicheres Material zu benutzen, wobei sich das Kupfersalz des Pfropfcopolymeren der Cellulose mit Polyacrylsäure anbietet. In einigen Fällen ist es angebrachter, das Silbersalz des Pfropfcopolymeren der Cellulose mit Polyacrylsäure anzuwenden, das ein breiteres Wirkungsspektrum aufweist.

III. Herstellung von Cellulosematerialien mit blutstillenden (hämostatischen) Eigenschaften

Die Herstellung von Cellulosematerialien, insbesondere von Mull, mit hämostatischen Eigenschaften hat eine große Bedeutung für die medizinische Praxis. Die ersten Versuche in dieser Richtung wurden in den USA vor mehr als 30 Jahren durchgeführt, als gezeigt wurde, daß die sog. Monocarboxycellulose (das Oxydationsprodukt der Cellulose mit Stickstoffdioxid) und auch ihr Calciumsalz die Fähigkeit besitzen, Blut zum Gerinnen zu bringen.

Die breite Anwendung dieses Typs von modifiziertem Cellulosematerial wurde jedoch durch die geringe Beständigkeit der Monocarboxycellulose gegenüber der Einwirkung von siedendem Wasser erschwert. Beim Erhitzen in Wasser zerfällt dieses Produkt in Pulver, was die Möglichkeit der Sterilisation mit Dampf im Autoklaven und eine Wiederverwendung des Materials ausschließt.

Bei der Herstellung eines anderen Typs von modifiziertem, hämostatischem Cellulosematerial, das die genannten Nachteile nicht aufweist, wurde von uns das Prinzip der Anwendung von Salzen polymerer Säuren mit zweiwertigen Metallen zur Blutgerinnung benutzt. Als geeignetes Material erweist sich das Calciumsalz des Pfropfcopolymeren der Cellulose mit Polyacrylsäure. Die Herstellung dieses Präparates kann auf drei Wegen erfolgen [17, 18], die nachstehend dargestellt sind.

$$\text{Cell.}-(\text{CH}_2-\underset{\text{COOH}}{\text{CH}}-)_n + \text{Ca(OH)}_2 \rightarrow \text{Cell.}-(\text{CH}_2-\underset{\text{COO}\left(\frac{\text{Ca}}{2}\right)}{\text{CH}}-)_n$$

$$\text{Cell.}-(\text{CH}_2-\underset{\text{C(=O)OCH}_3}{\text{CH}}-)_n + \text{Ca(OH)}_2 \rightarrow \text{Cell.}-(\text{CH}_2-\underset{\text{COO}\left(\frac{\text{Ca}}{2}\right)}{\text{CH}}-)_n$$

$$\text{Cell.} + n\text{CH}_2=\underset{\text{COO}\left(\frac{\text{Ca}}{2}\right)}{\text{CH}} \xrightarrow{(\text{NH}_4)_2\text{S}_2\text{O}_8} \text{Cell.}-(\text{CH}_2-\underset{\text{COO}\left(\frac{\text{Ca}}{2}\right)}{\text{CH}}-)_n$$

Die zweckmäßigste der angegebenen Varianten ist die Darstellung der Verbindung durch Pfropfung des Calciumsalzes der Acrylsäure an die Cellulose. Dieses Monomere stellt ein leicht in Wasser lösliches Pulver dar. Die erhaltene Lösung ist frei von dem für verschiedene Vinyl- und besonders Acrylmonomere typischen Geruch, nicht toxisch und nicht explosions- oder feuergefährlich.

Deshalb kann die Pfropfung dieses Monomeren an die Cellulose, die sich nach einem radikalischen Mechanimus in wäßriger Lösung an den Fertigerzeugnissen und insbesondere an Mull ausführen läßt, in Durchlaufaggregaten erfolgen, die als typische Einrichtungen in den Färberei- und Veredlungsbetrieben vorliegen.

Mull aus dem Calciumsalz des Pfropfcopolymeren der Cellulose mit Polyacrylsäure ist im Unterschied zum Calciumsalz der Monocarboxylcellulose vollständig gegenüber der Einwirkung von siedendem Wasser und einer Dampfsterilisation beständig und ändert bei einer wiederholten Sterilisation seine Eigenschaften praktisch nicht.

Hämostatischer Mull der oben angegebenen Zusammensetzung stillt den Blutfluß aus kleinen arteriellen und venösen Gefäßen; er ist besonders wirksam bei kapillaren und parachymentösen Blutungen. Die Blutgerinnungsdauer ist mit hämostatischem Mull dreimal kürzer als mit gewöhnlichem, nichtmodifiziertem Material. Hämostatischer Mull ist vom Gesundheitsministerium der Sowjetunion zur Anwendung in der medizinischen Praxis zugelassen. Die industrielle Erzeugung dieses Materials begann bei uns im Land 1969. In diesem Jahr werden einige Millionen Meter von solchem Mull produziert.

IV. *Pfropfcopolymere der Cellulose mit biologisch aktiven Proteinen (Fermenten, Antigenen)*

Das Problem der Synthese in Wasser unlöslicher Reaktionsprodukte biologisch aktiver Proteine mit modifizierter, reaktionsfähige Gruppen enthaltender Cellulose hat ein erhebliches wissenschaftliches, aber darüber hinaus offensichtlich auch praktisches Interesse.

So können zum Beispiel die in Wasser unlöslichen Reaktionsprodukte von modifizierter Cellulose mit Fermenten als spezifische Katalysatoren benutzt werden, die sich zu einem beliebigen Zeitpunkt aus der Reaktionssphäre entfernen lassen. Im Gegensatz zu den wasserlöslichen Fermenten verbleiben diese Produkte nicht in der Reaktionslösung und können wiederholt verwendet werden. Bei der Verwendung unlöslicher Fermente werden Verunreinigungen der Substratlösung durch die Fermente oder deren Reaktionsprodukte vollständig entfernt.

Die Bindung eines anderen Typs biologisch aktiver Proteine, der sog. Antigene, an modifizierte Cellulose gibt die Möglichkeit, die erhaltenen Präparate zur Lösung des wichtigen Problems der Antikörpersorption mit dem Ziel ihrer quantitativen Bestimmung und Isolierung einzusetzen. Die Umsetzungsprodukte der modifizierten Cellulose mit den Antigenen tragen die Bezeichnung Immunosorbentien.

Die Pfropfcopolymeren der Cellulose mit den biologisch aktiven Proteinen werden, wie oben dargelegt wurde, durch Umsetzung der reaktionsfähigen Gruppen des modifizierten Cellulosemoleküls mit den reaktionsfähigen Gruppen des Eiweißmoleküls erhalten. Die Reaktion ist unter Bedingungen durchzuführen, unter denen keine chemische Bindung (Inaktivierung) derjenigen reaktionsfähigen Gruppen des Proteins erfolgt, die deren biologische Aktivität bedingen, d. h., es darf keine Inaktivierung des Proteins stattfinden.

Dieser Typ von Pfropfcopolymeren der Cellulose[2]) kann durch Umsetzung von Proteinen mit verschiedene Typen reaktionsfähiger Gruppen enthaltenden Cellulosederivaten erhalten werden, insbesondere mit Celluloseäthern und -estern, die aromatische Aminogruppen oder Carboxylgruppen (Carboxymethylcellulose) besitzen.

Zur chemischen Bindung des Eiweißmoleküls an die Cellulosederivate benutzten wir die folgenden Methoden:

1. Einführung aromatischer Aminogruppen in das Cellulosemolekül durch Umsetzung der Cellulose mit dem Schwefelsäureester von 4-Oxyäthylsulfonyl-2-aminoanisol mit anschließender Diazotierung dieser Gruppe [19]. Früher führte man zur Synthese von Cellulosederivaten mit aromatischen Aminogruppen in das Cellulosemakromolekül Nitrogruppen ein, die dann direkt auf der Faser reduziert wurden. Bei Anwendung der von uns ausgearbeiteten Methode zur Einführung der aromatischen Aminogruppen vermeidet

[2]) Richtiger ist es für diesen Typ von Pfropfcopolymeren, der durch Umsetzung von zwei Polymermolekülen gewonnen und bei dem das zweite Polymere nicht aus dem Monomeren über eine wachsende Kette eingeführt wird, eine spezielle Bezeichnung anzuwenden; gewöhnlich tragen Produkte, die man durch Umsetzung von zwei Polymermolekülen erhält, die Bezeichnung Sandwich-Polymere.

man die Notwendigkeit, Nitrogruppen zu Aminogruppen zu reduzieren, was die praktische Anwendung dieser Methode erheblich erleichtert. Die sich bildenden Diazogruppen reagieren mit den zur Azokupplung fähigen Gruppen des Proteins, z. B. mit den Phenolgruppen des Thyrosins, und auf Grund dieser Reaktion erfolgt eine Bindung des Proteins an die Cellulose:

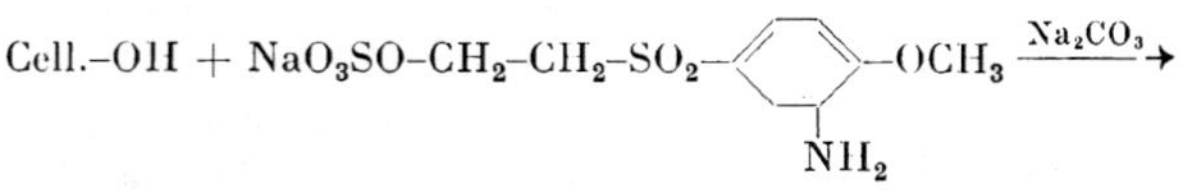

Schwefelsäureester des 4-β-Oxyäthylsulfonyl-2-aminoanisols

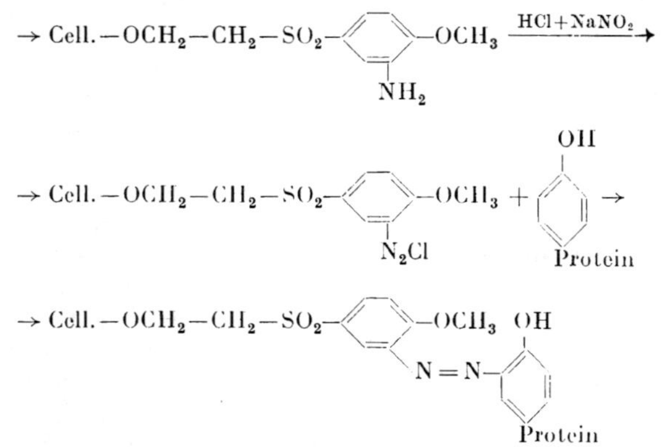

2. Synthese von Cyanurcellulose und deren nachfolgende Umsetzung mit einem Eiweißmolekül [20, 21]. Das Schema dieser Reaktion ist nachstehend dargestellt:

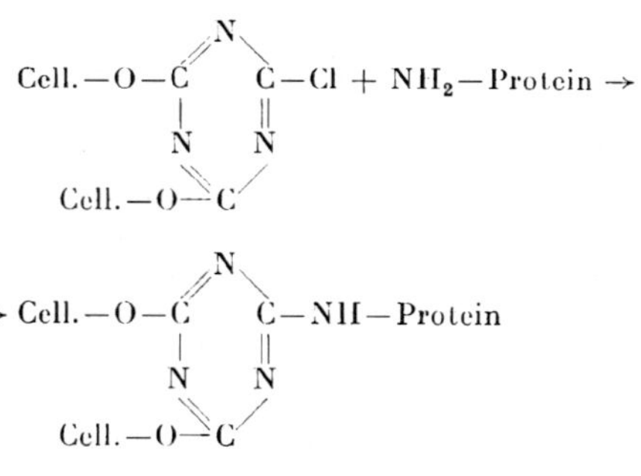

3. Umsetzung des Pfropfcopolymeren aus Cellulose und Polyglycidylmethacrylat [20], das reaktionsfähige Epoxyringe enthält, mit einem Eiweißmolekül nach dem angegebenen Schema.

Diese Abbildung zeigt noch ein anderes Schema zur Darstellung eines Sandwich-Polymeren aus Cellulose und Eiweiß durch Umsetzung des sich bei der Reaktion von Epichlorhydrin mit Cellulose bildenden 3-Chlor-2-oxypropyläthers der Cellulose mit dem Eiweiß [21].

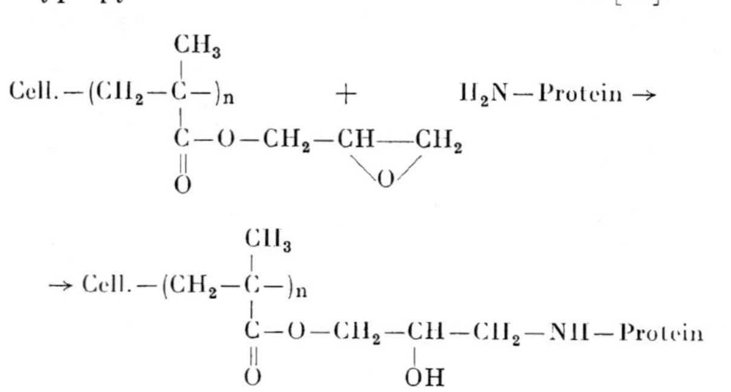

$$\text{Cell.}-O-CH_2-\underset{\displaystyle OH}{CH}-CH_2-Cl + H_2N-\text{Protein} \rightarrow$$
$$\rightarrow \text{Cell.}-O-CH_2-\underset{\displaystyle OH}{CH}-CH_2-NH-\text{Protein}$$

Die Anwendung von Cyanurcellulose wie auch von alkylierende Gruppen enthaltenden Cellulosederivaten zur Synthese von Sandwich-Polymeren aus Cellulose und Eiweiß ermöglicht eine einfachere Durchführung der Umsetzung mit dem Protein, als die Verwendung von Cellulosederivaten mit aromatischen Aminogruppen oder Carboxylgruppen.

Bei der Reaktion der zwei Polymermoleküle haben die physikalische Form und Struktur des verwendeten Cellulosederivates einen wesentlichen Einfluß auf die Menge an gebundenem Eiweiß.

Wenn man nach der von *Gurvič* [22] ausgearbeiteten Methode die Cellulosederivate in Form von Suspensionen einsetzt, die man bei einer Umfällung aus einer verdünnten Kupfer/Ammoniak-Lösung erhält, gelingt es, die größte Menge Eiweiß in das Molekül des sich bildenden Sandwich-Polymeren einzuführen.

Nach den angeführten Reaktionsschemata wurde eine Reihe von Umsetzungen der genannten Cellulosederivate mit biologisch aktiven Proteinen realisiert. Es wurden Pfropfcopolymere (Sandwich-Polymere) der Cellulose mit Katalase-Ferment synthetisiert, das Wasserstoffperoxid zersetzt. Es wurden Sandwich-Polymere mit einem Gehalt von 12% Protein erhalten. Die Fermentaktivität der Katalase war infolge der Bindung nicht verringert [21]. Aber eine solche Erhaltung der Aktivität des Ausgangsfermentes ist nicht in allen Fällen zu verzeichnen. Bei der Bindung eines anderen Fermentes an die Cellulose, nämlich von Trypsin, das die Fähigkeit zur hydrolytischen Spaltung von Eiweiß besitzt, war dessen Aktivität 5- bis 10mal niedriger.

Die Synthese von Immunosorbentien durch Umsetzung von Cellulosederivaten mit Antigenen auf die angegebene Weise führte zu Präparaten, die bis zu 20% gebundenes Eiweiß enthielten und bis zu 400 mg Antikörper pro g Immunosorbens sorbierten.

Die Forschungen in dieser aussichtsreichen Richtung werden in unserem Laboratorium fortgesetzt.

Literatur

[1] *Virnik, A. D., Ščeglova, G. V., Rogovin, Z. A.*, und *Vaškov, V. I.*: Ž. Mikrobiol., Epidemiol. Immunol. (Z. Mikrobiol., Epidemiol., Immunol.) (1967) 5, S. 110.

[2] *Snežko, D. L., Virnik, A. D., Pestereva, G. D.*, und *Rogovin, Z. A.*: Untersuchung des Einflusses der Art der Bindung zwischen Bakterizid und Makromolekül der modifizierten Cellulose auf die bakteriziden Eigenschaften eines Gewebes. Izv. vysšich uč. Zav., Technol. tekstil. Prom. (Hochschulnachr. Technol. Textil.-Ind.) (1968) 6, S. 92—96.

[3] *Mal'ceva, T. A., Virnik, A. D., Dimitriev, S. A., Ščeglova, G. V., Pestereva, G. D., Timofeev, L. V., Rogovin, Z. A.*, und *Vaškov, V. I.*: Ž. Mikrobiol., Epidemiol., Immunol. (Z. Mikrobiol., Epidemiol., Immunol.) (1967) 3, S. 101.

[4] *Mal'ceva, T. A., Virnik, A. D., Pestereva, G. D.*, und *Rogovin, Z. A.*: Gegen Mikroben wirksame Gewebe aus modifizierter jodhaltiger Cellulose. Izv. vysšich uč. Zav., Technol. tekstil. Prom. (Hochschulnachr. Technol. Textil-Ind.) (1966) 4, S. 92—95; dt. in: Sowj. Beitr. Faserforsch. Textiltechnik 4 (1967) 2, S. 95—97.

[5] *Rogovin, Z. A.*, und *Virnik, A. D.*: FrP 1499788 (1967); BeP 689429 (1966); ItP 853619 (1970).

[6] *Rogovin, Z. A.*, *Vaškov, V. I.*, *Virnik, A. D.*, *Kozlova, Ju. S.*, *Mal'ceva, T. A.*, *Pogadaeva, A. A.*, *Ščeglova, G. V.*, und *Nikiforova, E. I.*: BeP 681789 (1966), FrP 1499358 (1967), DBP 853619 (1970).

[7] *Rogovin, Z. A.*, *Vaškov, V. I.*, *Virnik, A. D.*, *Starkov, A. V.*, *Mal'ceva, T. A.*, *Kamenkov, I. A.*, und *Ščeglova, G. V.*: SUP 233159.

[8] *Mal'ceva, T. A.*, *Virnik, A. D.*, *Rogovin, Z. A.*, *Ščeglova, G. V.*, und *Vaškov, V. I.*: Bakterizide Cellulosefaserstoffe und -gewebe. Tekstil. Prom (Textil-Ind.) **25** (1965) 4, S. 15–17; dt. in: Sowj. Beitr. Faserforsch. Textiltechnik **2** (1965) 9, S. 487–489.

[9] *Penenžik, M. A.*, *Virnik, A. D.*, und *Rogovin, Z. A.*: Synthese eines Pfropfcopolymeren der Cellulose mit Polyacrylsäure. Chim. Volokna (Chem. Fasern) (1969) 6, S. 70.

[10] *Gulina, A. A.*, *Livšic, R. M.*, und *Rogovin, Z. A.*: Synthese von Pfropfcopolymeren der Cellulose mit Polyacrylnitril am Redoxsystem Cellulose–Fe^{2+}/H_2O_2. II. Vysokomol. Soed. (Hochmol. Verbind.) **7** (1965) 9, S. 1529–1534; dt. in: Sowj. Beitr. Faserforsch. Textiltechnik **3** (1966) 1, S. 16–20.

[11] *Plotkina, N. S.*, und *Virnik, A. D.*: Antibiotiki (Antibiotika) (1967) 3, S. 245.

[12] *Kaminskaja, L. I.*, *Virnik, A. D.*, *Bylinkaja, E. S.*, *Papčinskij, V. N.*, und *Rogovin, Z. A.*: Chimikofarmacevtič. Ž. (Chem.-pharmazeut. Z.) (1968) 8, S. 54.

[13] *Kaminskaja, L. I.*, *Margolina, A. N.*, *Virnik, A. D.*, und *Golosova, T. V.*: Problema Gematologii Perelivanija krovi (Probleme Haematologie, Blutübertragung) (1968) 6, S. 62.

[14] *Plotkina, N. S.*, und *Ščeglova, G. V.*: Chirurgija (Chirurgie) (1968) 9, S. 100.

[15] *Borščenko, V. V.*, *Savinič, F. K.*, *Zavadskij, A. F.*, und *Virnik, A. D.*: Informacionnyj Bjull. sovj. antarktičeskoj Ekspedicii (Informationsbull. der sowj. antarkt. Expedition) (1964) 74, S. 110.

[16] *Gefen, N. E.*, *Šustikov, V. M.*, *Šluger, N. A.*, *Virnik, A. D.*, *Menžerickij, A. I.*, *Mal'ceva, T. A.*, und *Snežko, D. L.*: Voenno-medicinskij Ž. (Militärmedizin. Z.) (1965) 8, S. 80.

[17] *Rogovin, Z. A.*, *Virnik, A. D.*, *Penenžik, M. A.*, und *Daurova, T. T.*: SUP 226793 (1963); 209439 (1965); 218871 (1965); FrP 1489205; ItP 837132; GBP 1141271; FrP 6713 M; SzP 480073.

[18] *Virnik, A. D.*, *Penenžik, M. A.*, *Rogovin, Z. A.*, *Daurova, T. T.*, und *Chodakov, I. G.*: Blutstillender Mull auf der Basis von modifizierter Cellulose. Textil. Prom., Moskva (Textil-Ind.) **29** (1969) 3, S. 67; dt. in Sowj. Beitr. Faserforsch. Textiltechnik **6** (1969) 9, S. 497 bis 498.

[19] *Kusovleva, O. B.*, *Gurvič, A. E.*, *Rogovin, Z. A.*, und *Virnik, A. D.*: Voprosy medicinskoj Chimii (Fragen der medizin. Chem.) **12** (1966) 1, S. 106.

[20] *Orlov, G. E.*, *Jaglon, D. L.*, *Gurvič, A. E.*, *Virnik, A. D.*, und *Rogovin, Z. A.*: Voprosy medicinskoj Chimii (Fragen der medizin. Chemie) **15** (1969) 3, S. 287.

[21] *Jaglom, D. L.*, *Virnik, A. D.*, und *Rogovin, Z. A.*: Synthese von Pfropfcopolymeren der Cellulose mit Katalase. Vysokomol. Soed. (Hochmol. Verbind.) B **11** (1969) 4, S. 287–290.

[22] *Gurvič, A. E.*, *Kusovleva, O. B.*, und *Tumanova, A. E.*: Biochimija (Biochemie) **26** (1961) S. 934.

Eingegangen am 8. Oktober 1970

Hochtemperaturbeständige Fasern aus geordneten Copolymeren[1]

Jack Preston
Chemstrand Research Center, Inc., Durham, N.C. 27705

DK 677.494.675:[678–13.02:66.095.26]:677.494.061:677.61:677.862.516.2

Es wird ein Überblick über die thermischen Eigenschaften einiger vollaromatischer Polyamide und Polyimide unter besonderer Berücksichtigung der Beziehung zwischen Struktur und Eigenschaften gegeben. Ein Konzept für die Synthese von Polymeren für thermostabile Faserstoffe, das sich als das brauchbarste für die Überwindung vieler Probleme der Polymerenherstellung und -fabrikation erwiesen hat — das Konzept der geordneten Copolymeren — wird ausführlich diskutiert. Die Eigenschaften verschiedener Faserstoffe unter simulierten anwendungstechnischen Bedingungen werden dargestellt.
Einige Eigenschaften der neuen flammfesten Gewebe werden erläutert und nach Literaturangaben einige Eigenschaften der neuen glasähnlichen Fasern angegeben. Dabei werden zukünftige Entwicklungen bei Faserstoffen aus vollaromatischen geordneten Polymeren, zum Beispiel wichtige neue Eigenschaften neben der thermischen Stabilität, herausgestellt.

Волокна с высокой термической стойкостью на основе сополимеров с соответственно упорядоченной химической структурой

Рассматриваются термические свойства некоторых полностью ароматических полиамидных и полиимидных волокон. В частности, обсуждается связь между химической структурой и свойствами этих волокон. Подробно описывается метод синтеза сополимеров с упорядоченной химической структурой, позволяющий решить некоторые проблемы получения и переработки полимерных материалов. Приводятся свойства некоторых волокон в условиях, близких к условиям их практического применения.
Далее приводятся некоторые данные о свойствах новых негорючих тканей. В заключение с целью прогнозирования будущего развития волокон на основе полностью ароматических термостойких полимеров с совершенно новыми свойствами на основе дитературных данных рассматриваются свойства новых стеклоподобных волокон.

High temperature resistant fibers from ordered copolymers

The thermal properties of some wholly aromatic polyamide and -imide fibers are reviewed. In particular, the structure-property relationships are stressed. An approach to the synthesis of polymers for thermally resistant fibers that has been most useful in overcoming many problems of polymer preparation and fabrication—the ordered copolymer approach—is discussed in some detail. The properties of several fibers under various conditions simulating end use applications are given.
Some properties of new flame resistant fabrics are cited. Also, some properties, taken from the literature, of new glass-like fibers are given to point up future trends in fibers from wholly aromatic polymers, i.e., significant new properties other than thermal stability.

[1]) Vorgetragen auf dem 3. Internationalen Chemiefasersymposium in Dresden am 3. Dezember 1970.

Einleitung

Das Düsenzeitalter oder sogenannte Weltraumzeitalter hat Forderungen nach Vorrichtungen mit sich gebracht, die bei höheren Geschwindigkeiten arbeiten, von denen aber erwartet wird, daß sie geringere Eigenmassen aufweisen. Die Konstruktion solcher Ausrüstungen bedeutend notwendigerweise, daß Materialien mit besserer Hitzebeständigkeit als konventionelle Materialien verfügbar sein müssen. Die Technologie der meisten synthetischen Harze und Fasern basierte jedoch auf Polymeren, die aus einer Schmelze verarbeitet werden können. Darüber hinaus verlieren solche Materialien die meisten ihrer nützlichen Eigenschaften bereits weit unterhalb ihrer Schmelzpunkte. Es ist deshalb klar, daß zur Befriedigung einiger dieser Bedürfnisse unserer Zeit eine neue Technologie verlangt wird.

Außer der Masseeinsparung und der Notwendigkeit für höhere Temperaturbeständigkeit konnten noch andere wichtige Einsatzrichtungen für thermisch beständige Fasern aufgezeigt werden. Der Öffentlichkeit wurde in den letzten Jahren das Problem der brennbaren Gewebe bewußt, es wurde verlangt, dieses Problem mit einer modernen Technologie zu lösen. Die Gesetzgebung auf diesen Gebieten ist gerade entworfen worden und wird zweifellos in den nächsten Jahren zur Anwendung kommen. Das wird wahrscheinlich eine Expansion in der Forschung und Entwicklung von hitzebeständigen Fasern mit sich bringen.

Es ist, glaube ich, eines der Wunder unserer Zeit, daß der Polymerchemiker in der Lage war, zu der Zeit, als es am dringendsten benötigt wurde, eine völlig neue Technologie hervorzubringen. Eine Technologie für thermisch beständige Polymere, aus denen Filme, Fasern und Formgegenstände hergestellt werden können. Einige der wichtigsten Anwendungszwecke für diese neuen Polymeren sind:

1. Filme für elektrische Anwendungen. Polyimidfilme erlauben zum Beispiel den Bau von Motoren, die bei der gleichen Masse wie konventionelle Motoren etwa 25% mehr Leistung abgeben oder bei gleicher Leistung eine geringere Masse besitzen.
2. Lager mit niedrigem Reibungswiderstand, die höheren Temperaturen widerstehen als Polyamid- oder Teflonlager.
3. Fasern für die Verwendung in industriellen Prozessen (beispielsweise für die Filtration heißer Gase); für Verwendung in Gefahrsituationen, speziell dann, wenn konventionelle Fasern schmelzen können (beispielsweise in Stahlwerken, bei Schweißarbeiten, beim Retten von Düsenpiloten aus brennenden Flugzeugen, für die Abbremsung von Düsenmaschinen und Raumflugkörpern nach dem Wiedereintritt in die Erdatmosphäre vor der Landung); als Verstärkungsmittel (zum Beispiel in Treibriemen, bei denen das geringe Kriechvermögen der Fasern eine Längung des Riemens verhindert).
4. Papier aus hitzebeständigen Fasern als elektrisches Isolationsmaterial und als Verstärkungsmittel.

Weil das Gebiet der hitzebeständigen Polymeren für diesen kurzen Überblick viel zu umfangreich ist, werden wir uns ausschließlich auf eine Diskussion der Fasern beschränken. Warum werden Fasern aus organischen Polymeren bei hohen Temperaturen verwendet, wenn Glas-, Kohlenstoff-, Keramik- und Metallfasern zur Verfügung stehen? Die Antwort wird dadurch gegeben, daß organische Polymere eine niedrigere Dichte, eine größere Dehnbarkeit und eine größere Scheuerfestigkeit besitzen und leichter über einen breiteren Feinheitsbereich hergestellt werden können, als die anderen Fasern. Im Gegensatz zu den Metall- und Kohlenstoff-Fasern sind organische Fasern Nichtleiter für Elektrizität. Dazu kommt, daß einige Metalle und Glas verschiedenen korrosiven Einflüssen nicht so gut widerstehen wie die organischen Fasern. Aus organischen Fasern wird im allgemeinen bequeme Kleidung hergestellt.

Nach diesen Hinweisen auf einige Anwendungsmöglichkeiten für thermisch beständige Fasern wird dargestellt, wie solche Materialien hergestellt werden und wie gut sie sich unter extremen Bedingungen, besonders bei hohen Temperaturen in Luft, verhalten.

Diskussion

Allgemeine Grundlagen

Welche Polymerstruktur ist für thermisch beständige Fasern vorzuziehen? Einige Hinweise auf den Weg zu der neuen Klasse von Polymeren gibt es bereits in der Literatur.

Bereits vor vielen Jahren hat der Polymerchemiker gewußt, daß das Maximum des Schmelzpunktes für jedes Polymere aus einer vorgegebenen Klasse von organischen Polymeren erreicht werden kann, wenn Ringstrukturen anstatt flexibler Alkylengruppen verwendet werden. Deshalb erhielten Polyesterfasern erst dann praktische Bedeutung, als die aliphatischen Dicarbonsäure durch Terephthalsäuren ersetzt wurden. Besonders in der Klasse der Polyester kann eine drastische Erhöhung des Schmelzpunktes durch Verwendung eines vollaromatischen Systems erreicht werden.

Das wirkliche Problem war aber nicht die Herstellung sehr hochschmelzender Polymerer, sondern die Herstellung von thermisch beständigen Polymeren, die zu Filmen, Fasern und anderen Formgegenständen verarbeitet werden können. *Black*[2]) hat eine ausgezeichnete Übersicht über das Verhältnis zwischen der chemischen Struktur eines Polymeren, seiner Verarbeitbarkeit und den Fasereigenschaften, besonders den Zugfestigkeitseigenschaften, gegeben [1]. Es ist deshalb hier nicht nötig, sich lange bei diesen Gesichtspunkten aufzuhalten. Wo es möglich ist, werden aber die Vergleiche zwischen dem erreichbaren Maximum der thermischen Stabilität und der Spinnbarkeit erwähnt werden.

Es ist wahrscheinlich keine Überraschung, daß das erste kommerzielle thermisch beständige Produkt ein Polyamid war, nämlich das vollaromatische Polyamid NOMEX von Du Pont. Dieses Material kann in einfacher Weise durch Lösungspolykondensation von zwei Monomeren — m-Phenylendiamin und Isophthaloylchlorid — hergestellt werden (1) [2].

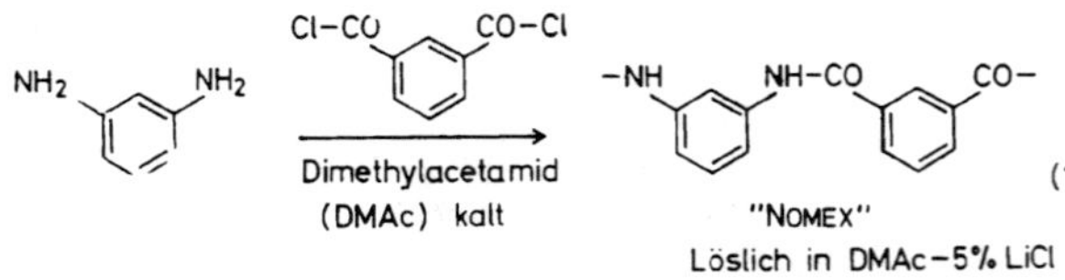

(1)

NOMEX besitzt aber einen relativ niedrigen Erweichungspunkt, und seine Thermooxydationsbeständigkeit ist nicht so gut wie die einiger anderer aromatischer Polyamide (z. B. Polybenzidinterephthalamid), das bereits lange bekannt ist [3].

Die Polymeren vom letztgenannten Typ sind aber weniger löslich, schwieriger herzustellen und beträchtlich schwieriger zu spinnen. Das trifft besonders im

[2]) In seiner Arbeit hat *Black* die bedeutenden Beiträge zum Fortschritt auf diesem Gebiet durch z. B. *Morgan, Edwards, Frazer* und Professor *Carl Marvel*, einem der großen Alten der Polymerwissenschaft, gewürdigt.

Falle der Herstellung von Polybenzamiden aus Monomeren zu, die sowohl eine Säurechloridgruppe wie auch eine Aminfunktion enthalten (2, 3) [4, 5, 6].

(2)

Löslich in DMAc – 5% LiCl

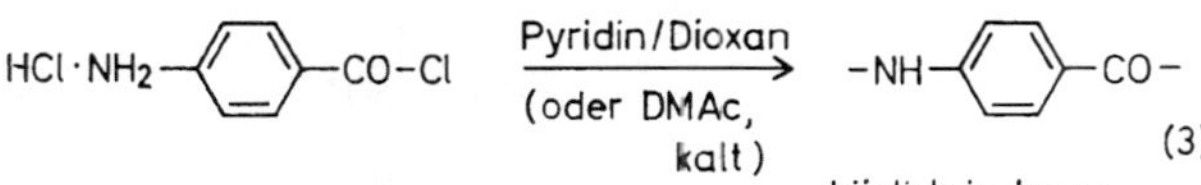
(3)

Löslich in konz. H_2SO_4

Es wird deutlich, daß die Variationsmöglichkeiten der Struktur im Fall der Polyamide aus AB-Monomeren auf Benzolbasis stark begrenzt sind. Beispielsweise sind zwei Polymere mit reiner *meta*- oder reiner *para*-Orientierung möglich. Etwas zusätzlicher Spielraum ist durch die Kondensation von AA-Monomeren mit BB-Monomeren gegeben, z. B. sind drei Polymere möglich, die entweder rein *meta*-, rein *para*- oder gemischt *meta*- und *para*-orientiert sind.

Wenn man aber nur einfach eine p-Phenyleneinheit in die Grundeinheit eines einfachen Polyamides einführt, sind die Produkte im allgemeinen nicht mehr verziehbar.

Dieses Dilemma bestand, als im Chemstrand Forschungszentrum der Monsanto Co. mit den Arbeiten an thermostabilen Polymeren begonnen wurde und war die Veranlassung, geordnete Copolymere zu untersuchen [7 bis 20].

Die geordneten Copolymeren wurden von den Mitarbeitern des Chemstrand Forschungszentrums als eine Möglichkeit für die Herstellung von thermostabilem Material „nach Maß" angesehen, die ein gewünschtes Gleichgewicht von Eigenschaften — thermische Stabilität, Verziehbarkeit, Kristallinität, Modul, Glasübergangstemperatur und Reckbarkeit — zu erreichen gestattet. Man stellt dabei zuerst einen strukturell symmetrischen multifunktionellen Block her und kondensiert dann mit einem anderen Monomeren unter Bedingungen, bei denen keine Umordnung von chemischen Bindungen erfolgt. Auf diese Weise ist eine große Variation der Struktur möglich. Außerdem können die Einflüsse der Struktureinheiten auf die thermische Beständigkeit, die Lichtbeständigkeit, die chemische Beständigkeit usw. so in besonders systematischer Weise untersucht werden.

Der Weg zu den geordneten Copolymeren kann am Beispiel von geordneten Copolyamiden dargestellt werden. Es ist leicht verständlich, daß die sich wiederholenden Einheiten eines Poly-m-benzamids mit den Bestandteilen eines Polymeren wie NOMEX kombiniert werden können und dabei ein neues Polymeres entsteht, das die gleichen Struktureinheiten wie die genannten Polymeren enthält (4).

Die Einheiten der Komponenten sind aber völlig regelmäßig angeordnet, das heißt, sie sind in Beziehung zueinander *geordnet*. Es gibt keine polymeren Blöcke der Ausgangspolymeren, und keine Struktureinheiten der Ausgangspolymeren sind miteinander verbunden.

Die neuen Polymeren dieser Reihe werden deshalb als geordnete Copolymere bezeichnet. Wegen der hohen

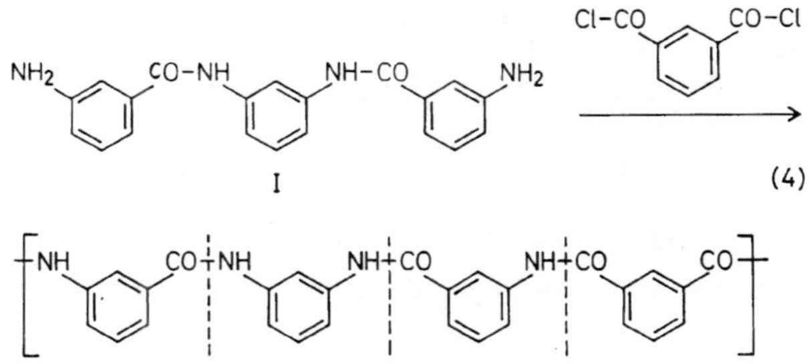
(4)

chemischen Ordnung verhalten sich diese Polymeren wie Homopolymere.

Auf dem oben angegebenen Weg kann auch NOMEX hergestellt werden, wenn ein anderes Diamin verwendet wird (5) [21].

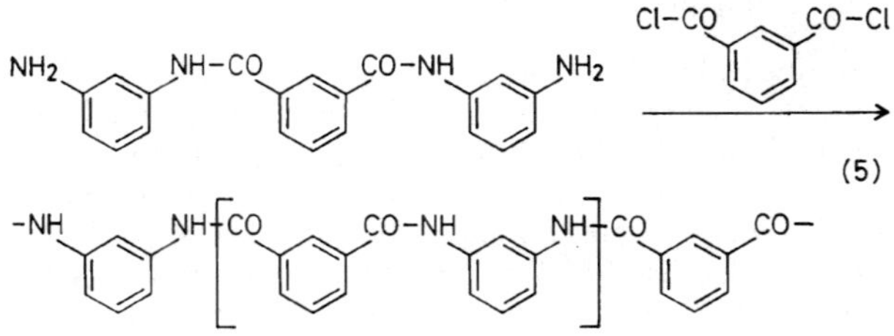
(5)

Eine typische Synthese eines Diamins für ein geordnetes Copolyamid wird in den folgenden Formeln dargestellt (6). Durch geeignete Modifizierungen dieser Synthese können acht verschiedene Polymere mit *meta*- oder *para*-orientierten Ringen oder Kombinationen beider hergestellt werden. Wenn man von dem völlig *meta*-orientierten geordneten Copolyamid (und auch NOMEX) zu dem völlig *para*-orientierten geordneten Copolyamid übergeht, erhöhen sich die Schmelzpunkte von etwa 400 °C auf etwa 550 °C. Die Zersetzungstemperaturen der gleichen Polymeren erhöhen sich dabei von etwa 425 °C auf ungefähr 550 °C.

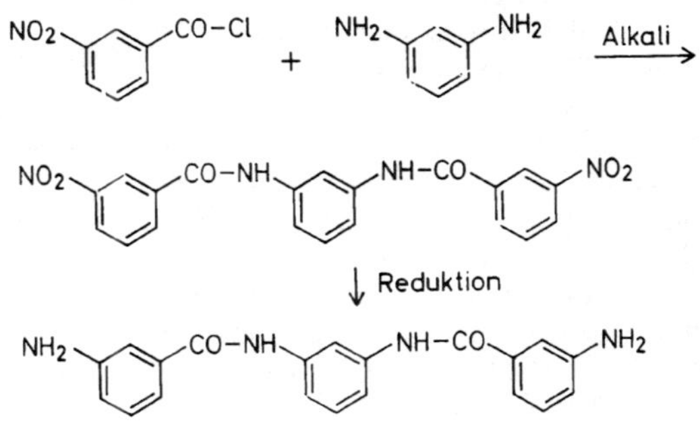
(6)

Es muß hier darauf hingewiesen werden, daß die komplexe Natur der Grundeinheit der geordneten Copolyamide wahrscheinlich die Kristallisation dieser Polymeren aus der Lösung verzögert.

Deshalb können diese Polymeren, die sehr hohe Anteile an *para*-Phenylenringen (bis zu 100%) enthalten, in Lösung hergestellt werden [10]. Wenn diese Polymeren aber erst einmal zu Filmen oder Fasern verarbeitet worden sind und orientiert oder die Kristallisation auf andere Weise induziert worden ist, kann die Kristallinität dieser Polymeren sehr hoch sein. Die Möglichkeit der Kristallisation in diesen Polymeren zu verzögern, bis sie erwünscht ist, z. B. nach dem Verspinnen, ist ein deutlicher Vorteil.

Im Hinblick auf die Struktur lassen sich einige Verallgemeinerungen ableiten. Mit der *Erhöhung* des *para*-Phenylengehaltes der aromatischen Polyamide (des einfachen Typs oder der geordneten Copolymeren) treten folgende Veränderungen ein:

1. Die Löslichkeit in organischen Lösungsmitteln wird *verringert.*
2. Die thermische Stabilität (d. h., der Erweichungspunkt und in gewissem Maße die Thermooxydationsbeständigkeit) werden *erhöht.*
3. Die Möglichkeiten zum Induzieren der Kristallisation und zur Orientierung werden *erhöht.*
4. Die Zugfestigkeit und der Modul der Filme und Fasern werden *erhöht,* dabei *verringert* sich aber die Bruchdehnung.

An dieser Stelle ist es zweckmäßig, auf die Eigenschaften nichtgeordneter, statistischer Copolymerer hinzuweisen (7). Wenn die Ausgangsprodukte zur Herstellung eines völlig *meta*-orientierten geordneten Copolyamids statistisch kombiniert und in den gleichen Verhältnissen wie bei der Herstellung eines geordneten Copolymeren angewendet werden, besitzt das statistische Copolymere einen um etwa 100 °C niedrigeren Schmelzpunkt als das geordnete Copolymere [10].

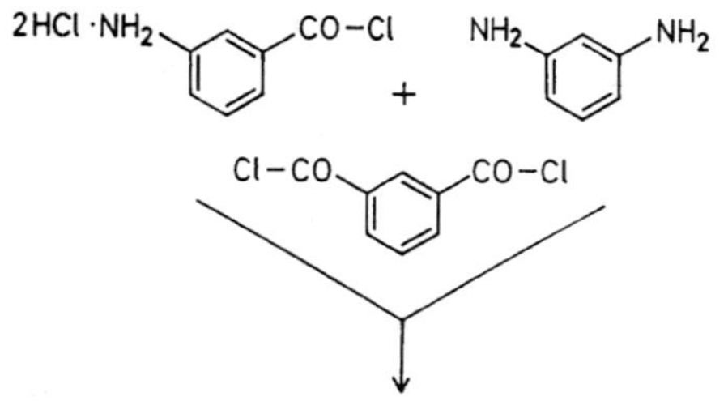

(7)

Man kann auch Copolymere aus vorgebildeten unsymmetrischen Zwischenprodukten herstellen, die sogenannte „begrenzt geordnete" Polymere ergeben (8) [22]. Diese Polymeren haben mit den statistischen Copolymeren verschiedene Eigenschaften gemeinsam, wenn die Zusammensetzung gleich ist. Der Schmelzpunkt völlig *meta*-orientierter Polymerer „begrenzter Ordnung" liegt bei etwa 290 °C, im Gegensatz zu dem Schmelzpunkt von etwa 400 °C von *meta*-orientierten geordneten Polymeren. Vollständig *para*-orientierte Polyamide „begrenzter Ordnung" besitzen aber einen so hohen Schmelzpunkt (um 555 °C) [23] wie andere vollständig *para*-orientierte Polyamide. Das ist wahr-

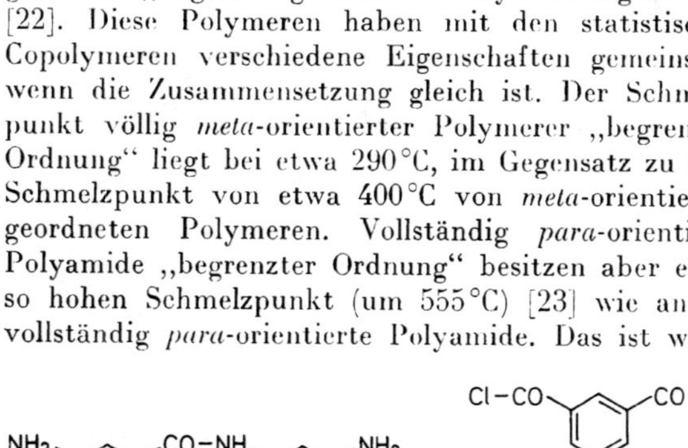

(8)

* Diese Einheit kann in den Polymeren in der angegebenen Form oder wegen der Dissymetrie des verwendeten Diamins in der umgekehrten Form auftreten.

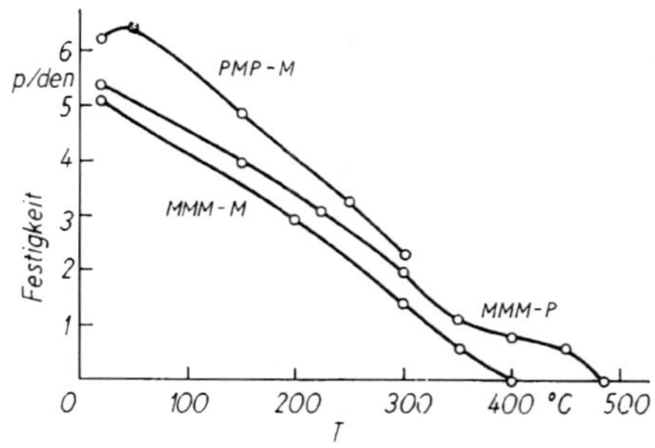

Bild 1. Einfluß der Temperatur auf die Festigkeit von ausgewählten geordneten Copolyamidfasern

scheinlich darin begründet, daß die Steifheit eines solchen Polymeren so groß ist, daß das Schmelzen nicht durch Strukturunregelmäßigkeiten beeinflußt wird.

Einige der bemerkenswertesten Festigkeitseigenschaften von Fasern aus vollaromatischen Polyamiden sind in den Bildern 1 und 2 dargestellt. Sie zeigen den Einfluß steigender Temperatur (Bild 1) und der beschleunigten Hitzealterung bei erhöhter Temperatur in Luft (Bild 2) auf die Festigkeit.

In den Bezeichnungen MMM-M, MMM-P und PMP-M bedeuten P und M *meta*- bzw. *para*-orientierte Phenylenringe, während der Block der drei Buchstaben die verwendeten Amid-diamine darstellen soll. Im Gegensatz zu einigen vollaromatischen Fasern, die noch bei 450 °C eine gewisse Restfestigkeit besitzen (Bild 1), verlieren Polyamid-6.6-Fasern bei etwa 200 °C ihre Festigkeitseigenschaften nahezu vollständig. Die Hitzealterung bei 300 °C in Luft (Bild 2) stellt eine beschleunigte Prüfung dar.

In der Praxis werden die Fäden bei niedrigeren Temperaturen verwendet. Bei etwa 200 bis 225 °C ist die Lebensdauer von vollaromatischen Polyamidfasern praktisch unbegrenzt. Die Restfestigkeiten nach Hitzealterung bei verschiedenen Temperaturen betragen für NOMEX [24]:

$>$ 95% nach 3000 h bei 177 °C,
$>$ 50% nach 1000 h bei 260 °C,
$\sim$ 50% nach 200 h bei 304 °C.

Die sichtbaren Einflüsse der Hitzealterung auf ein Gewebe aus einer aromatischen Polyamidfaser im Vergleich zu einem Gewebe aus Polyamid-6.6-Fasern werden besonders deutlich, wenn das aromatische Ge-

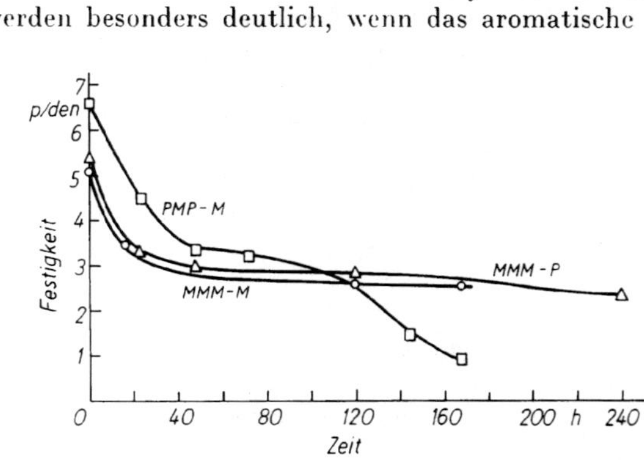

Bild 2. Einfluß der Hitzealterung in Luft bei 300 °C auf die Festigkeit von ausgewählten geordneten Copolyamidfasern

webe 16 h auf 300 °C und des Polyamid-6.6-Gewebe 2 h auf 225 °C erhitzt werden. Das aromatische Gewebe ist bei der längeren Behandlung bei der höheren Temperatur nur leicht verfärbt, wogegen das Polyamid-6.6-Gewebe schwarz ist und beim Biegen bricht. Der Hitzeeinfluß auf ein Gewebe aus Fasern eines vollaromatischen Polyamids, das nur *meta*-orientierte Phenylringe enthält, und ein Gewebe aus einem vollaromatischen Polyamid, das *meta*- und *para*-orientierte Phenylenringe enthält, ist nur geringfügig weniger drastisch. Das Gewebe aus völlig *meta*-orientierten Polymeren bricht beim Biegen, während das Gewebe mit einigen *para*-orientierten Ringen noch geknotet werden kann. Das letztere Gewebe behält außerdem noch einen guten Teil seiner Ausgangsfestigkeit.

Heterocyclische Polymere

Obwohl es so aussieht, als ob die thermisch beständigsten und chemisch inertesten Polymeren wahrscheinlich Poly-p-phenylene sind, wurde kein praktisches Verfahren zur Herstellung von hochmolekularen, löslichen Poly-p-phenylenen gefunden. Deshalb sind Filme und Fasern aus diesem Polymeren noch nicht hergestellt worden.

Das Konzept für die Verwendung von heterocyclischen Ringen für einen Teil der Phenylenringe wurde mit ausgezeichneten Ergebnissen von *Marvel* und später anderen Bearbeitern angewandt. Die Heteroatome der heterocyclischen Ringe in den Polyheterocyclen dienen als Lösungsvermittler.

Manchmal sind die Polyheterocyclen auch unlöslich, aber die Vorstufe für das thermisch beständige Polymere ist für die Verarbeitung zu Fasern oder Filmen löslich genug. Als Beispiel für ein lösliches polyheterocyclisches Polymeres kann Poly-m-phenylenbibenzimidazol (PBI) genannt werden (9).

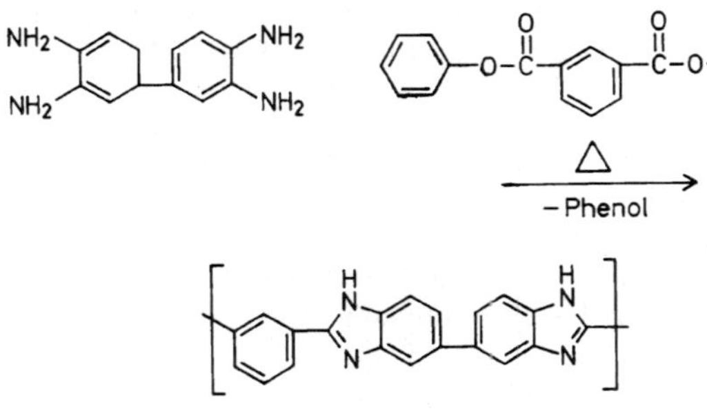

(9)

Poly-m-phenylen-2,2'-5,5'-bibenzimidazol (PBI)

Polyimide, Polyoxadiazole und Polybenzoxazole sind Beispiele für Polymere, die aus löslichen Vorstufen, z. B. Polyhydraziden, Polyamidsäuren bzw. Polyamidphenolen, gebildet werden. Die für die Bildung von Polyheterocyclen wichtige Cyclodehydratisierungsreaktion kann anhand der Formelbilder (10), (11) und (12) dargestellt werden.

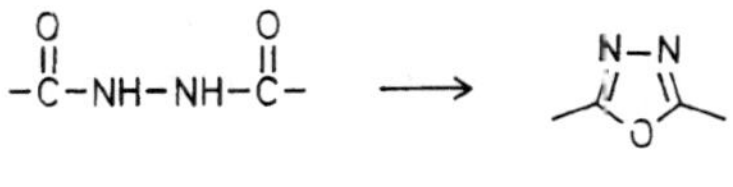
(10)

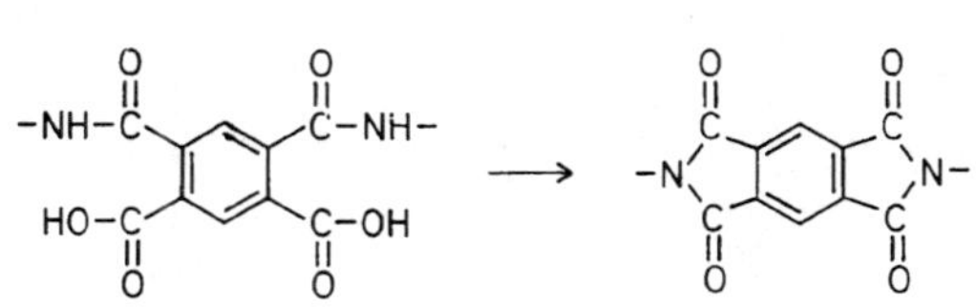
(11)

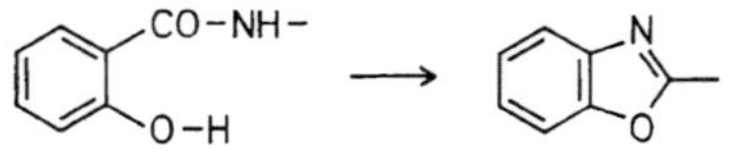
(12)

Die Verwendung einiger besonders geeignet erscheinender heterocyclischer Ringe ist aber nicht möglich, da die Ausbeuten der Reaktion für die Herstellung von Polymeren nicht noch genug oder die Ringschlußreaktion unter Erhalt der Feinstruktur in einem geformten Gegenstand wie einem Film oder in Fasern sehr schwierig ist. Die Verwendung des Prinzips der geordneten Copolymeren erlaubt aber dem Polymerchemiker, den gewünschten Heterocyclus in einen vorgebildeten Block einzubauen und dann diesen Block mit geeigneten reaktionsfähigen Monomeren umzusetzen. Beispiele für solche Polymere sind geordnete heterocyclische Amid- und Imid-Copolymere, die anschließend diskutiert werden.

Geordnete Copolymere aus heterocyclischen Amiden

Die für geordnete heterocyclische Amidcopolymere verwendete typische Synthese ist in der folgenden Gleichung (13) dargestellt:

$$\mathrm{NH_2{-}R{-}H{-}R{-}NH_2 + Cl{-}CO{-}R'{-}CO{-}Cl} \rightarrow \mathrm{{-}NH{-}R{-}H{-}R{-}NH{-}CO{-}R'{-}CO{-}} \quad (13)$$

R = aromatische Ringe
H = heterocyclische Ringe

Die geordneten heterocyclischen Amidcopolymeren zeigen mit wenigen Ausnahmen bei Raumtemperatur höhere Festigkeiten und höhere Restfestigkeiten bei höheren Temperaturen sowie beim Langzeitaltern in heißer Luft (Bild 3) als aromatische Polyamide. Die höhere Festigkeit bei Raumtemperatur ist wahrscheinlich auf den höheren *para*-Phenylenanteil dieser Polymeren im Verhältnis zu den untersuchten Polyamiden zurückzuführen. Die relativ höhere Festigkeit bei

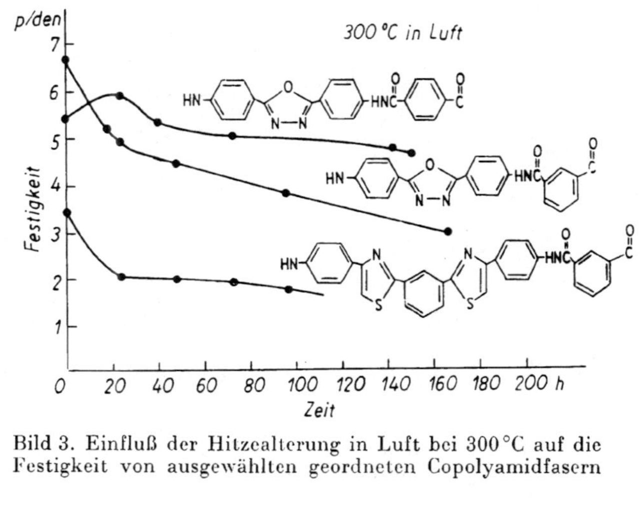

Bild 3. Einfluß der Hitzealterung in Luft bei 300 °C auf die Festigkeit von ausgewählten geordneten Copolyamidfasern

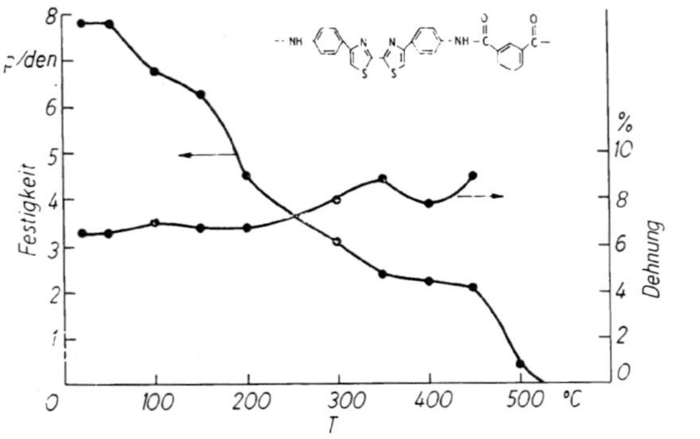

Bild 4. Einfluß der Temperatur auf Festigkeit und Dehnung einer geordneten Bithiazolamidfaser

höheren Temperaturen und bei der Langzeit-Hitzealterung wird wahrscheinlich durch die geringere Abhängigkeit von Amidbindungen, die für den Verlust von Wasserstoffatomen bei höherer Temperatur anfällig sind, und dadurch bedingt sein, daß die Amidbindungen Angriffspunkte für die Thermooxydation der Polymerenketten darstellen. Die Schmelz- und Zersetzungspunkte liegen im allgemeinen für Fasern aus geordneten heterocyclischen Amidcopolymeren auf Grund des hohen Anteils von *para*-orientierten Ringen in diesen Polymeren auch höher als die der meisten untersuchten Polyamidfasern.

Ein überraschendes und zugleich lehrreiches Beispiel in unseren Untersuchungen über thermostabile Fasern war eine Faser aus einem Polybithiazolamid [14]. Diese Faser zeigte eine ausgezeichnete Restfestigkeit bei höheren Temperaturen bei der gewöhnlich 5 min dauernden Behandlung für die Prüfung (Bild 4). Aber bei der Langzeitbehandlung in Luft (Bild 5), besonders bei mittleren Temperaturen, trat ein sehr schneller Abbau ein [25].

Beispielsweise nahm die Festigkeit nach 35 Tagen in Luft bei der niedrigen Temperatur von 126 °C von 4,7 p/den auf 3,6 p/den ab, gleichzeitig sank die Reißdehnung von 9,3% auf 5,2%. Die Lichtbeständigkeit war ebenfalls sehr schlecht[3]). Es geht daraus hervor,

[3]) Die anfängliche Beobachtung dieser Erscheinung durch *Preston* und *Black* wurde später durch *Bach* u. Mitarb. [25] quantifiziert.

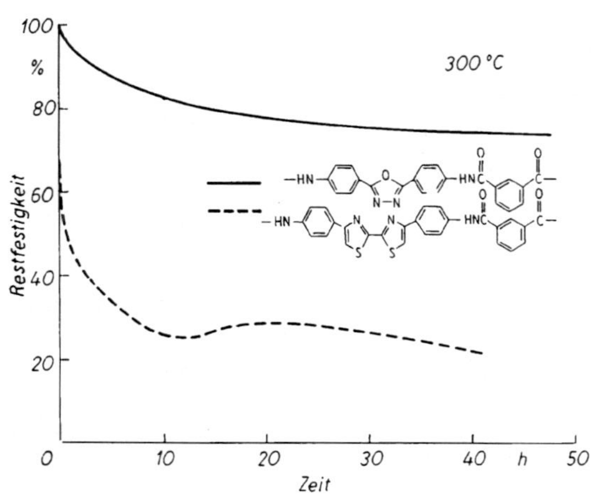

Bild 5. Restfestigkeit in Luft bei 300 °C für eine geordnete Bithiazolamidfaser

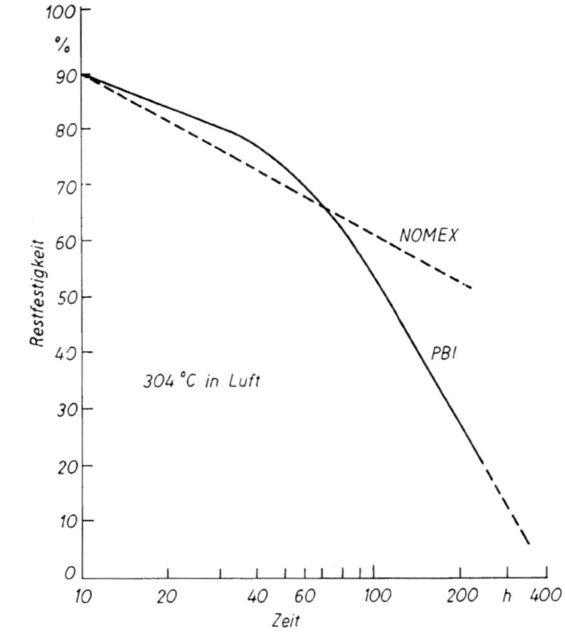

Bild 6. Einfluß der Hitzealterung in Luft auf PBI- und NOMEX-Fasern

daß die Bithiazoleinheiten sehr leicht oxydiert werden und das Bithiazol deshalb keine geeignete Struktureinheit für thermostabile Polymere ist.

Man muß nicht von vornherein annehmen, daß vollaromatische Polyheterocyclen in ihrer thermischen Beständigkeit den aromatischen Polyamiden immer überlegen sein müssen. PBI besitzt beispielsweise eine bessere Restfestigkeit bei höheren Temperaturen als NOMEX, denn PBI-Fasern besitzen bei 400 °C noch eine Festigkeit von 2 p/den, während NOMEX unter diesen Bedingungen seine Festigkeit bereits völlig verloren hat. Aber beim Hitzealtern in Luft bei 304 °C (Bild 6) ist PBI in der Restfestigkeit schlechter als NOMEX [26].

Im allgemeinen wird aber bei Wahl geeigneter Heterocyclen, besonders mit wasserstofffreien Heterocyclen, ein Polymeres, das nur heterocyclische Gruppen oder heterocyclische Gruppen in Verbindung mit Amidgruppen enthält, aromatischen Polyamiden in bezug auf die thermische Beständigkeit überlegen sein.

Geordnete heterocyclische Copolymere

Wenn das Prinzip der geordneten Copolymeren bis auf vollgeordnete heterocyclische Copolymere ausgedehnt wird [9, 15, 16, 19, 20], kann ein sehr hohes Maß an thermischer Beständigkeit erreicht werden. Die meisten Polymeren dieses Typs besitzen Schmelz- und Zersetzungspunkte im Bereich von 520 bis 570 °C. Wichtiger ist aber, daß die Thermooxydationsbeständigkeit dieser Polymerenklasse wesentlich größer ist als die von Amidbindungen enthaltenden Polymeren. In einem typischen Beispiel für diese Polymerenklasse wird ein erwünschter, aber schwer herzustellender Heterocyclus wie der sich ziemlich schwierig bildende Oxadiazolring oder der noch schwerer herzustellende Benzoxazolring in einem aromatischen heterocyclischen Diamin vorgebildet, das anschließend in einem polaren

Lösungsmittel mit einem aromatischen Dianhydrid kondensiert. Dieses Verfahren wird anhand einer typischen Synthese (14) erläutert.

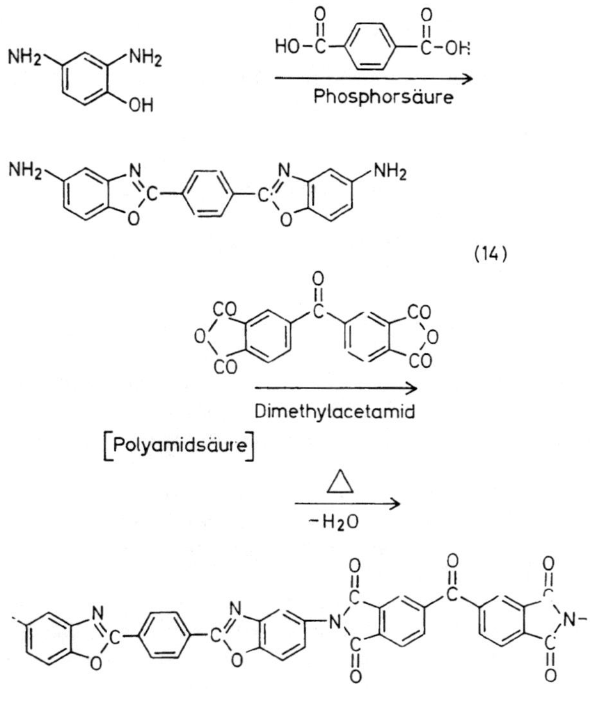

(14)

Das Vorprodukt Polyamidsäure wird zu Fasern gesponnen, die dann in geordnete heterocyclische Imidcopolymere überführt werden.

Der Erhalt von Festigkeiten bis zu sehr hohen Temperaturen ist auf diese Weise möglich. So besitzt eine Faser aus der Kombination von Benzoxazol- und Imideinheiten eine Festigkeit von fast 2 p/den bei 500 °C. Noch wichtiger ist, daß die Langzeitbeständigkeit von zwei Fasern aus Kombinationen von Oxadiazolimiden und Benzoxazolimiden bei 300 °C in Luft der Beständigkeit von einfachen aromatischen Polyimidfasern beträchtlich überlegen ist. Diese in Bild 7 dargestellten Ergebnisse weisen auch auf die Unsicherheiten bei der Extrapolation der Ergebnisse der Hitzealterung auf die Festigkeit der Fasern hin. Die gleiche Feststellung trifft für die Dehnung der Fasern zu.

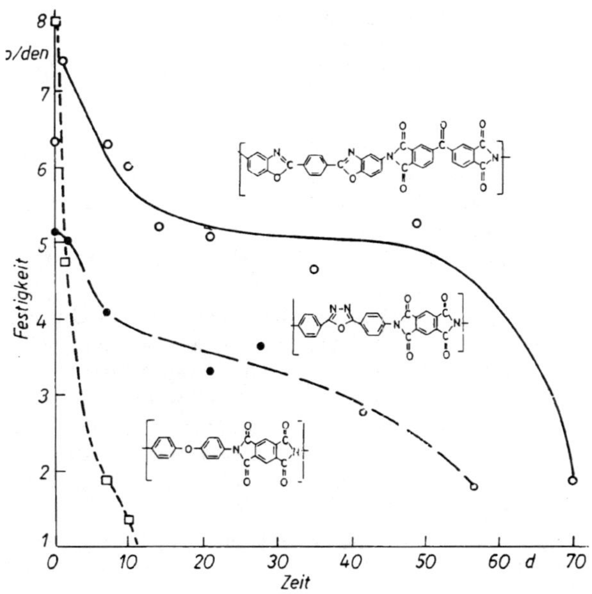

Bild 7. Restfestigkeit in Luft bei 300 °C für ausgewählte Polyimidfasern

Leiterpolymere

Theoretische Betrachtungen, wie sie vor einigen Jahren in einer Anzahl von Arbeiten von *Marvel* angestellt wurden, und Berechnungen von *Tessler* [27] führten zu dem Ergebnis, daß Polymere mit sehr hoher Steifheit (Ringe) und Polymere, die Ringe mit hoher Resonanzenergie enthalten, die höchste thermische Beständigkeit besitzen müßten.

Zur Herstellung von solchen Polymeren, den sogenannten Leiter- oder Doppelstrangpolymeren, wurde große Mühe aufgewandt. *DeWinter* hat die Arbeiten auf diesem Gebiet zusammengefaßt [28]. Ein solches Polymeres [29] oder zumindest eines, das nur eine Nicht-Leitereinheit pro Polymergrundeinheit enthält (und deshalb als „Stufenleiter"-Polymeres bezeichnet wird), wurde in Faserform erhalten [30]. Das sogenannte BBB (15, 16) hat manche der theoretischen Erwartungen erfüllt. Es ist interessant, die publizierten thermischen Alterungseigenschaften für die BBB-Faser mit denen der von *Preston* u. Mitarb. [20] beschriebenen Benzoxazol-benzophenonimid-Faser (kein Leitertyp) zu vergleichen (Bild 8). Zusätzlich zu der beträchtlichen thermischen Beständigkeit der hier diskutierten Fasern muß darauf hingewiesen werden, daß die meisten dieser Fasern auch bemerkenswert inert gegen Chemikalien, besonders normale organische Lösungsmittel, sind. Die Polyamidtypen besitzen ausgezeichnete Beständigkeit gegenüber Säuren und Basen [11, 31]; tatsächlich werden einige der Polyamidfasern und die BBB-Faser durch Spinnen aus Lösungen in konzentrierter Schwefelsäure erhalten [30]. Die Fasern vom Polyimidtyp sind aber in starken Basen hydrolytisch nicht beständig, besitzen jedoch eine mittlere Beständigkeit gegenüber schwachen Basen [32].

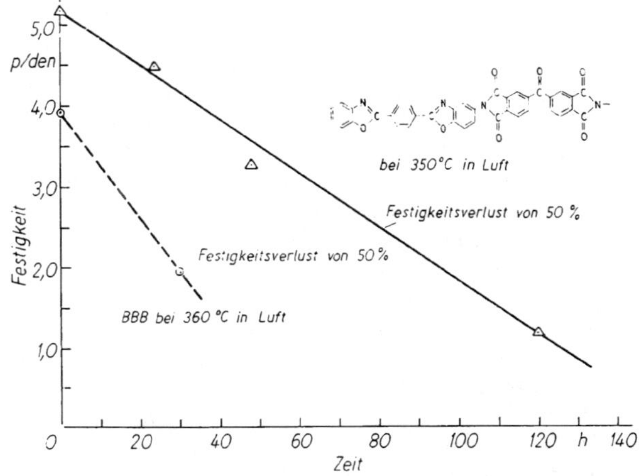

Bild 8. Einfluß der Hitzealterung in Luft bei 360 °C auf BBB

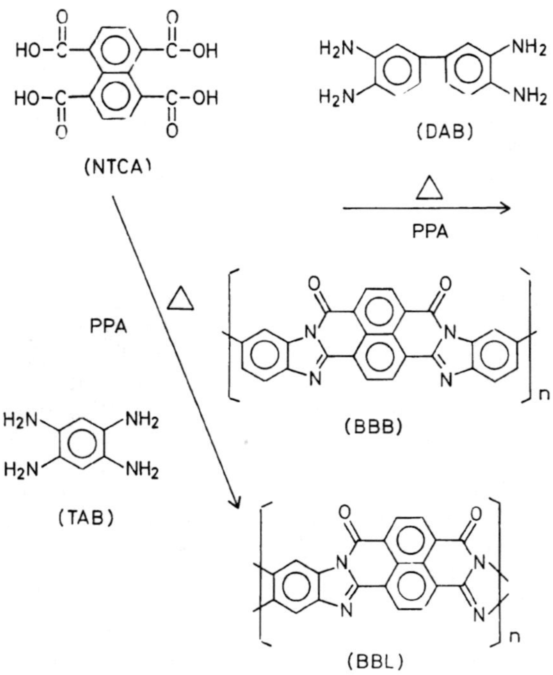

(15)

(16)

Bei der Bestrahlung der diskutierten Fasern mit γ-Strahlen *erhöht* sich ihre Festigkeit, damit verbunden ist eine Verringerung der Bruchdehnung [12].

Ein schlechtes Verhalten der thermisch beständigen Polymeren wurde in ihrer Lichtstabilität gefunden. Vollaromatische Polyamide sind in dieser Hinsicht mit unstabilisiertem Polyamid-6.6 vergleichbar [12]. Einige der heterocyclischen Polymeren zeigen eine sehr schlechte Lichtbeständigkeit, die Entwicklung der Polyoxadiazole wurde hauptsächlich aus diesem Grund nicht weitergeführt [33]. Polyimide sind im allgemeinen in der Lichtbeständigkeit schlecht, aber die geordnete Polybenzoxazolbenzophenonimid-Faser mit der hervorragendsten Hitzebeständigkeit besitzt auch eine hervorragende Lichtbeständigkeit [20].

Entflammbarkeit

Obgleich angenommen werden könnte, daß thermostabile Polymere flammfest sind, kann ohne experimentelle Beweise eine solche Schlußfolgerung nicht gezogen werden. Das Phänomen der Brennbarkeit ist nicht völlig geklärt, es existieren viele scheinbare Widersprüche. Es ist aber im allgemeinen so, daß vollaromatische Polyamide viel flammfester als aliphatische Polyamide oder Polyester sind. Auf jeden Fall kann festgestellt werden, daß die aromatischen Polyamide nicht schmelzen, fließen oder tropfen und deshalb für potentiell feuergefährdete Kleidung besser geeignet sind. Selbst in dem Fall, wenn die voll aromatischen Polymeren entzündet werden, bildet sich oft ein Schutzgewebe aus Kohle, das ein gewisses Maß an Sicherheit für den Träger von Kleidung aus solchen Fasern bedingt.

Heterocyclische Ringe verleihen gewöhnlich aromatischen Polymeren eine beträchtliche Beständigkeit gegen Entflammen. Zum Beispiel widersteht PBI dem Entflammen in einem bemerkenswerten Maße [26], trotz eines beträchtlichen Schrumpfens während des Kontaktes mit der offenen Flamme. Heterocyclische Ringe, mit ausdrücklicher Ausnahme des Oxadiazolringes [35, 36], bedingen in Verbindung mit Amidbindungen eine gewisse Verbesserung der Flammresistenz gegenüber einem einfachen aromatischen Polyamid.

Vollständig heterocyclische Polymere wie die Polyimide [32] sind sehr flammfest. Die geordneten Polyoxadiazolimide brennen wahrscheinlich aus dem Grund, weil die Oxadiazolbindung bei der Brenntemperatur thermisch gespalten werden kann ($\sim 520\,°C$), wobei brennbare gasförmige Produkte entstehen.

NOMEX und DURETTE sind Beispiele für kommerzielle Produkte, die in potentiell feuergefährlichen Situationen angewendet werden können. Bekleidung aus diesen Geweben gehört zur Standardausrüstung für Automobilrennfahrer in den Vereinigten Staaten.

Die Firma Teijin hat kürzlich ein aromatisches Polyamid vorgestellt, das beim Erhitzen oder bei der Berührung mit einer Flamme in ein flammfestes Polyamidbenzimidazol übergeht [37]. KYNOL, eine Faser auf Phenolharzbasis, die beim Brennen verkohlt, wurde in letzter Zeit in Mischung mit Baumwolle oder Polyamid (aber *nicht* mit Polyester) für flammfeste Gewebe verwendet.

Es ist sehr wichtig, die Dimensionsstabilität bei der Diskussion der Gewebe nicht zu übersehen. DURETTE ist beispielsweise beträchtlich dimensionsstabil, während PBI und NOMEX merklich schrumpfen.

Hochmodulfasern

Während der Bemühungen um ein Maximum an thermischer Stabilität haben die Polymerenchemiker anscheinend ein Einsatzgebiet übersehen, das potentiell von wesentlich größerer Bedeutung als die thermisch beständigen Fasern ist, nämlich organische Hochfest- und Hochmodulfasern.

Es scheint so, als ob Fasern aus Polyamiden mit vollständiger *para*-Phenylenorientierung die höchstmögliche thermische Beständigkeit für den Amidtyp erreicht haben. Gleichzeitig wurde anscheinend auch das Maximum an Kristallinität und Orientierung für diese Klasse erreicht. Dabei treten neue wichtige Eigenschaften auf.

Einige dieser Eigenschaften sind eine zwei- bis dreifache Erhöhung der Festigkeit und eine drei- bis sechsfache Erhöhung des Anfangsmoduls gegenüber einem vollständig *meta*-orientierten Polyamid wie NOMEX. Diese Eigenschaften wurden durch eine beträchtliche Verringerung der Dehnung erreicht. Trotzdem liegen die Dehnungen, die von höheren Werten bis auf die Dehnung von Glasfasern zurückgehen können, immer noch deutlich über der Dehnung von Graphitfasern, die ebenfalls als Verstärkungsmittel verwendet werden können. Ein gemeinsamer Nachteil von Fasern aus organischen Polymeren und Graphitfasern ist die fehlende Isotropie, dagegen zeigen Glasfasern in allen Dimensionen die gleichen Eigenschaften.

Die ersten beiden beschriebenen, vollständig *para*-orientierten Fasern (Tabelle 1) [17, 23] besaßen keine außergewöhnlichen Festigkeiten, da der statistische Kettenaufbau des einen und die Ätherbrücken des anderen Polymeren wahrscheinlich das Erreichen des

Tabelle 1. Festigkeitseigenschaften eines vollständig para-orientierten geordneten Copolyamids und eines Copolyamids begrenzter Ordnung

Struktur	F/D/M¹)
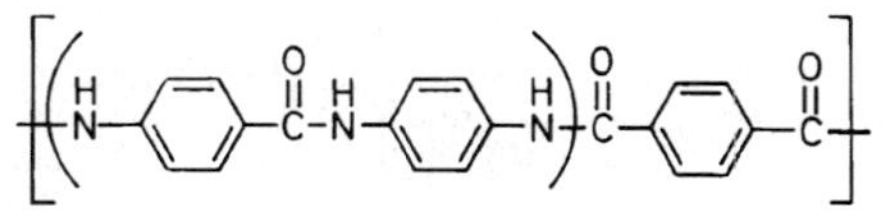	5,0/5,7/176²)
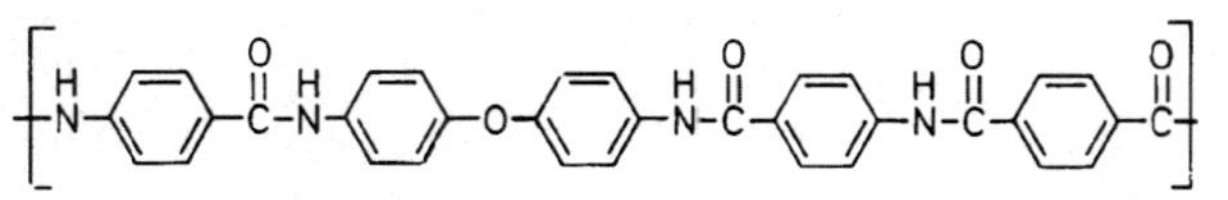	8,7/5,4/176³)

¹) F = Festigkeit (p/den); D = Dehnung (%); M = Anfangsmodul (p/den).
²) Zitat [23].
³) Zitat [17].

Maximums an Kettenpackung, Orientierung und Kristallinität verhindern.

Die erste beschriebene kommerzielle echte organische Hochmodulfaser [38] war die Faser B von Du Pont, die sehr wahrscheinlich die Struktur eines Poly-p-benzamids [39] oder Poly-p-phenylenterephthalamids [40] besitzt. Von *Hannell* [38] wurden für die Faser B folgende Eigenschaften angegeben: Festigkeit 12 p/den, Dehnung 7%, Anfangsmodul 450 p/den. Eine geordnete Copolyamidfaser mit relativ hoher Festigkeit und hohem Modul aus dem Laboratorien der Monsanto Co. wurde kürzlich von *Bach* u. Mitarb. beschrieben [41]. Die Fasereigenschaften sind in Tabelle 2 aufgeführt. Organische Hochmodulfasern können sehr gut als Verstärkungsmittel für Reifen und Riemen sowie in Richtungen, bei denen die Einsparung von Masse oberstes Gebot ist, zum Beispiel in der Luftfahrttechnik, eingesetzt werden.

Danksagung

Der Autor möchte den Mitarbeitern seines Laboratoriums danken, die die hier dargestellten und früher veröffentlichten Arbeiten ermöglicht haben. Einige dieser Mitarbeiter sind Mitautoren von nahezu 20 Publikationen über thermostabile Polymere aus unserem Laboratorium. Der besondere Dank des Autors gilt Herrn Dr. *W. B. Black* für seine umfangreiche technische Mitwirkung und die geschickte Organisation des Programms. An Teilen des Programms hat Dr. *W. F. DeWinter* mitgearbeitet. Wertvolle Mitarbeit leisteten außerdem die Herren *R. W. Smith*, *S. M. Sun* und *H. S. Morgan*. Für anregende Gespräche danke ich Dr. *H. C. Bach*, Dr. *M. R. Lilyquist* und Dr. *J. R. Holsten*. Für den technischen Erfolg des Programms war die ausgezeichnete technische Assistenz von Herrn *W. L. Hofferbert* jun. von besonderer Bedeutung, durch dessen Geschick bei den Monomeren- und Polymerensynthesen die meisten der bisher publizierten Ergebnisse über thermostabile geordnete Copolymere ermöglicht wurden.

Literatur

[1] *Black, W. B.*: High temperature fibers. Lecture before the New York Academies of Science, October, 1969; erscheint in: Transactions N.Y. Acad. Sci.

[2] *Kwolek, S. L.*, *Morgan, P. W.*, and *Sorensen, W. R.*: Process of making wholly aromatic polyamides. USP 3063966 (1962).

[3] *Magat, E. E.*: Process for preparing polyamides. USP 2831834 (1958).

[4] *Smith, R. W.*, *Huffman, W. A. H.*, und *Dye, W. T., jr.*: Process for producing polymers of aromatic-amino acids. USP 3203933 (1965) und 3240758 (1966).

[5] *Stephens, C. W.*: Polyamides of the recurring benzamide unit. USP 3472819 (1969).

[6] *Preston, J.*, und *Smith, W. R.*: Process for preparing poly-paraaminobenzoic acid. USP 3225011 (1965).

[7] *Preston, J.*, und *Dobinson, F.*: New high temperature polymers. J. Polymer Sci., B: Polymer Letters **2** (1964) S. 1171—1174.

[8] *Preston, J.*, und *Black, W. B.*: Thermally-stable ordered heterocycle copolymers. J. Polymer Sci., B: Polymer Letters **3** (1965) S. 845—849.

[9] *Preston, J.*, und *Black, W. B.*: Thermally stable ordered amide-heterocycle copolymers. J. Polymer Sci., B: Polymer Letters **4** (1966) S. 267—272.

[10] *Preston, J.*: New high temperature polymers. I. Wholly aromatic ordered copolyamides. J. Polymer Sci., A-1: Polymer Chem. **4** (1966) S. 529—539.

[11] *Dobinson, F.*, und *Preston, J.*: New high temperature polymers. II. Ordered aromatic copolyamides containing fused and multiple ring systems. J. Polymer Sci., A-1: Polymer Chem. **4** (1966) S. 2093—2105.

[12] *Preston, J.*, *Smith, R. W.*, und *Stehman, C. J.*: Aromatic ordered copolyamides for temperature-resistant fibers. J. Polymer Sci., C: Polymer Symposia (1967) 19, S. 7—15.

Tabelle 2. Vollständig para-orientierte Polyamide mit hoher Festigkeit und hohem Modul

Struktur	F/D/M¹)
Polymeres vom AB-Typ	
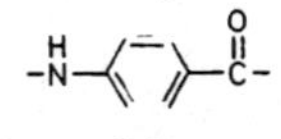	8,2/3,1/509²) 16,9/1,9/1040²)
Polymeres vom AA-BB-Typ	
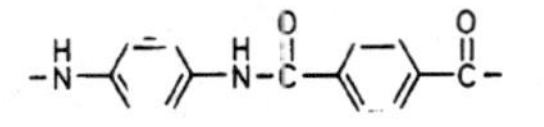	7,8/1,7/467³) 6,9/1,3/564³)
Geordnetes Copolyamid	
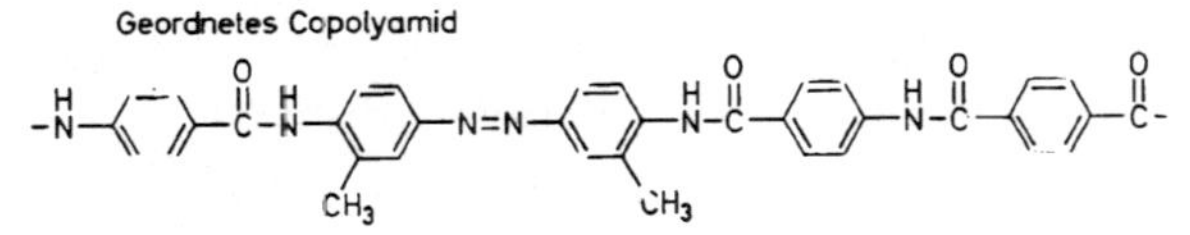	8,8/2,4/482⁴) 9,7/2,4/587 9,4/1,4/821

¹) F = Festigkeit (p/den); D = Dehnung (%); M = Anfangsmodul (p/den).
²) Zitat [39]. ³) Zitat [40]. ⁴) Zitat [41].

[13] *Preston, J.*, und *Black, W. B.*: Fibers of thermally stable ordered heterocycle-amide copolymers. J. Polymer Sci., C: Polymer Symposia (1967) 19, S. 17–27.
[14] *Preston, J.*, und *Black, W. B.*: Thermally stable amide-bithiazole ordered copolyamides. J. Polymer Sci., C: Polymer Symposia (1968) 23, S. 441–448.
[15] *Preston, J.*, und *Black, W. B.*: New high temperature polymers. VI. Ordered heterocycle copolymers. J. Polymer Sci., A-1: Polymer Chem. **5** (1967) S. 2429 bis 2439.
[16] *Preston, J.*, *DeWinter, W. F.*, und *Black, W. B.*: New high temperature polymers. VIII. Ordered benzoxazole- and benzothiazole-imide copolymers. J. Polymer Sci., A-1: Polymer Chem. **7** (1969) S. 283–296.
[17] *Holsten, J. R.*, *Preston, J.* und *Lilyquist, M. R.*: Fiber of an all-para-oriented ordered aromatic copolyamide. Appl. Polymer Symposia, (1969) 9, S. 63–74.
[18] *Preston, J.*: Fibers from ordered benzheterocycle-amide copolymers. Appl. Polymer Symposia (1969) 9, S. 75–88 (1969).
[19] *Preston, J.*, and *Black, W. B.*: Fibers from ordered oxadiazole-imide copolymers. Appl. Polymer Symposia (1969) 9, S. 107–117.
[20] *Preston, J.*, *Black, W. B.*, und *DeWinter, W.*: Fibers from ordered benzheterocycle-imide copolymers. Appl. Polymer Symposia (1969) 9, S. 145–158.
[21] *Stevens, C. W.*: Polyamides from N,N'-bis(3-aminophenyl)-isophthalamide. USP 3049518 (1962).
[22] *Preston, J.*, und *Smith, R. W.*: Novel aromatic copolyamides. J. Polymer Sci., B: Polymer Letters **4** (1966) S. 1033–1038.
[23] *Preston, J.*, *Smith, R. W.*, *Black, W. B.*, und *Tolbert, T. L.*: Thermally stable fiber and film from the polyterephthalamide of 4,4'-diaminobenzanilide. J. Polymer Sci., C: Polymer Symposia (1969) 22, S. 855–865.
[24] Properties of NOMEX High Temperature Resistant Nylon. NP-33 Bulletin, duPont Co., Wilmington, Delaware.
[25] *Bach, H. C.*, *Black, W. B.*, und *Clements, J. B.*: Thermal and light stability of aromatic bithiazole-amide fibers. Appl. Polymer Symposia (1969) 9, S. 167–176.
[26] *Singleton, R. W.*: Properties of PBI fiber. Appl. Polymer Symposia (1969) 9, S. 133–144.
[27] *Tessler, M.*: Theoretical studies on the degradation of ladder polymers. J. Polymer Sci., A-1: Polymer Chem. **4** (1966) S. 2521–2532.
[28] *DeWinter, W.*: Double-strand polymers. Reviews in Macromolecular Chemistry **1**(**2**) (1966) S. 329–353.
[29] *Van Deusen, R. L.*, *Goins, O. L.*, und *Sicree, A. J.*: Thermally stable polymers from 1, 4, 5, 8-naphthalenetetracarboxylic acid and aromatic tetraamines. J. Polymer Sci., A-1: Polymer Chem. **6** (1968) S. 1777 bis 1793.
[30] *Gloor, W. H.*: Poly(bisbenzimidazobenzophenanthroline)-fiber and yarn properties. Appl. Polymer Symposia (1969) 9, S. 159–166.
[31] *Weiss, J. O.*, *Morgan, H. S.*, und *Lilyquist, M. R.*: A new high temperature fiber, its properties and performance. J. Polymer Sci., C: Polymer Symposia (1967) 19, S. 29–39.
[32] *Irwin, R. S.*, und *Sweeny, W.*: Polyimide fibers. J. Polymer Sci., C: Polymer Symposia (1967) 19, S. 41.
[33] *Ross, J. H.*, und *Opt, P. C.*: Behavior of polyaromatic fibers and yarns in unique environments. Appl. Polymer Symposia (1969) 9, S. 23–47.
[34] *Behnke, W. P.*, und *Seaman, R. E.*: Laboratory tests which predict end-use performance under high temperature conditions. Appl. Polymer Symposia (1969) 9, S. 49–62.
[35] *Frazer, A. H.*, und *Reed, T. A.*: Aromatic poly-1,3,4-oxadiazole fibers. J. Polymer Sci., C: Polymer Symposia (1967) 19, S. 89–94.
[36] *Memeger, W.*, und *Frazer, A. H.*: Ordered aromatic copoly (1,3,4-oxadiazole-1,3,4-thiadiazole) fibers. Appl. Polymer Symposia (1969) 9, S. 119–131.
[37] C&E News, Oct. 20 (1969, S. 37.
[38] *Hannel, J. W.*: Tire Cords. Polymer News I(**1**) (1970) S. 8–13.
[39] FrP 1526745 (1968), assigned to the duPont Co.
[40] BeP 726050 (1969), assigned to the duPont Co.
[41] *Bach, H. C.*, und *Hinderer, H. E.*: Highly ordered azoaromatic polyamides through a novel dimerization by oxidative coupling. ACS Polymer Preprints II(**1**) (1970) S. 334–338.

Eingegangen am 11. September 1970

Neue Bücher

Die mechanische Weberei. Von *H. Repenning*, bearbeitet von *E. O. Hesse*. Berlin: Techn. Verlag Herbert Cram 1970. XII, 466 S. Lwd. DM 75,–.

Bei dieser Neuerscheinung handelt es sich um die 6. Auflage eines Fachbuches, das der Verfasser *H. Repenning* vor mehr als 50 Jahren konzipierte und bis zur 4. Auflage (1942) selbst betreut hat. Seit der 5. Auflage (1955) wird es von *E. O. Hesse* bearbeitet.

In Anbetracht der Tatsache, daß das Grundprinzip der Weberei – trotz bedeutender Weiterentwicklungen auf dem Gebiet der Webereimaschinen, die sich im letzten Jahrzehnt vollzogen haben – unverändert blieb, wurde die Grundkonzeption des Buches auch in der vorliegenden 6. Auflage beibehalten. Es gliedert sich in vier Hauptteile: I. Webmaschinen mit Hohlraum zum Eintragen des Schußfadens; II. Die Bewegung der Kette und Ware in der Längsrichtung; III. Die Bewegung der Kette für die Fachbildung und IV. Die Bewegung des Schusses.

In den einzelnen Abschnitten werden Webmaschinen für die verschiedensten Zwecke bzw. bestimmte Baugruppen davon besprochen, wie beispielsweise leichte bis schwere Ausführung für Schaft- und Jacquardgewebe, für Doppel- und Rutenplüsch, für Frottier- und Broschiergewebe, für Bänder, mit Trommelmagazin, Kastenlager und Unifil.

Die Beschreibung der einzelnen Baugruppen wurde durch zwischenzeitlich bekannt gewordene Weiter- und Neuentwicklungen ergänzt. Besonders zu erwähnen ist ein stark erweitertes Unterkapitel im Teil IV über schützen- und spulenlose Webmaschinen, das jetzt mehr als $^1/_{10}$ des gesamten Umfanges einnimmt.

Im wesentlichen trägt dieses Fachbuch einen beschreibenden Charakter, der dem früherer Auflagen entspricht. Mehr als 500 Bilder (Strichzeichnungen und Fotos) dienen zur Erläuterung des Textes.

Die wenigen Abschnitte, die Berechnungen enthalten (Kraftbedarf, Tourenzahl und Schußdichte), blieben seit mindestens der 4. Auflage – so weit ließ es sich nur zurückverfolgen – unverändert. Dies ist bedauerlich. Eine ingenieurmäßige, begrifflich und mathematisch richtige Darstellung ist hierfür dringend erforderlich, auch wenn dieses Fachbuch „nur" zum Gebrauch an „technischen und gewerblichen Schulen sowie zum Selbstunterricht" vorgesehen ist. Schließlich verfügt ein angehender Facharbeiter von heute auch über mathematische Grundkenntnisse!

Dennoch kann dieses Fachbuch den angehenden und den bereits im Beruf stehenden Praktikern, die sich mit der mechanischen Funktion einer Webmaschine vertraut machen wollen, empfohlen werden. *H. Rothe*

Analytical Chemistry of the Polyurethanes. Von *D. J. David* und *H. B. Staley*. New York/London/Sydney/Toronto: Wiley-Interscience 1969. XII, 627 S. Lwd. 270 s.

In der Reihe „High Polymers", herausgegeben von *H. Mark*, *P. J. Flory*, *C. S. Marvel* und *H. W. Melville*, liegt nun als Teil 3 des 16. Bandes obiger Titel vor. Darin werden zunächst Synthese, Eigenschaften und analytische Charakterisierung einiger zum Verständnis der Polyurethanchemie wichtiger Vor- und Zwischenprodukte beschrieben. Zu nennen sind hier Ausgangsmaterialien für Isocyanate sowie

Professor Dr.-Ing. Hans Böhringer 70 Jahre

Am 18. März 1971 vollendet der Mitherausgeber unserer Zeitschrift, Prof. Dr.-Ing. *Hans Böhringer*, das siebzigste Lebensjahr. Die von Prof. *Böhringer* und den Mitarbeitern des von ihm geschaffenen „Instituts für Textiltechnologie der Chemiefasern" geleisteten richtungweisenden Arbeiten auf dem Gebiet der wissenschaftlichen Textilprüfung, insbesondere der Gebrauchswertprüfung durch Tragversuche, seine erfolgreiche Tätigkeit in nationalen Gremien und in der internationalen Normung, zahlreiche Veröffentlichungen und Vorträge machten ihn in der Fachwelt bekannt. Sein Wirken wurde in unserer Zeitschrift mehrfach gewürdigt.

Herausgeber und Schriftleitung der „Faserforschung und Textiltechnik" sprechen dem Jubilar herzliche Glückwünsche für noch viele Jahre persönlichen Wohlergehens aus.

---

die Isocyanate selbst und ihre Derivate. Hierbei werden auch Reaktionsmechanismen ausführlich erläutert und theoretische Aspekte diskutiert. Zum besseren Überblick werden relativ häufig Tabellen verwendet, die sehr klar gestaltet sind. Besonders eingehend sind naturgemäß die analytischen Nachweismethoden (wie z. B. Gaschromatographie, spektroskopische Methoden, Bestimmung von Fremdstoffen und funktionellen Gruppen) der genannten Verbindungen abgehandelt. Für typische Beispiele sind Chromatogramme und Spektren sehr anschaulich wiedergegeben.

Das bisher Gesagte gilt natürlich besonders für das Kapitel Polyurethane. Hier sind neben den bereits erwähnten spektroskopischen (IR, UV, NMR) und gaschromatographischen Analysenmethoden (z. B. Bestimmung von Restmonomeren) auch die Differentialthermoanalyse und die Thermogravimetrie abgehandelt. Die technische Ausführung aller dieser Methoden ist genau beschrieben und als Arbeitsanleitung sehr gut zu verwenden.

Nicht zu unterschätzen ist auch die Beschreibung der Analyse von Spezialtypen der Polyurethane, z. B. solcher, die für die Faserproduktion eingesetzt werden. Dadurch werden viele Leser dieser Zeitschrift direkt angesprochen.

Etwa ein Drittel des Buches ist von einer tabellarischen Übersicht der physikalischen Eigenschaften aller bekannten Isocyanate ausgefüllt. Hier sind die Summen- und Strukturformel, Siedepunkt, Schmelzpunkt, Dichte, Brechungsindex andere physikalisch-chemische Daten, Angaben über Derivate, Literaturzitate und für einige Verbindungen verschiedene Bezeichnungen aufgeführt.

Zu bemerken sind in allen Kapiteln sehr übersichtlich dargestellte Formelschemen. Die zahlreichen Literaturzitate reichen bis zum Jahr 1966. Einem umfangreichen Autorenverzeichnis steht leider ein knappes Stichwortverzeichnis gegenüber. Die Ausstattung des Buches ist, wie in dieser Reihe üblich, ausgezeichnet. Das im Titel genannte Gebiet wird, dem Handbuchcharakter des Buches entsprechend, erschöpfend und ausführlich beschrieben. Das Werk sollte in keinem Hochpolymerenlaboratorium, das sich mit analytischen Problemen beschäftigt, fehlen.

D. Becker

Stereoregular polymers and stereospecific polymerizations. The contributions of *Giulio Natta* and his school to polymer chemistry. Edited by *Giulio Natta* and *Ferdinando Danusso.* Vol. 1 u. 2. Oxford etc.: Pergamon Press. XX, 888 S. Lwd. 15 £ 15 s.

Die von *Natta* und seinen Mitarbeitern entdeckten und systematisch verfolgten Struktur- und Syntheseprinzipien gehören heute, anderthalb Jahrzente nach ihrer erstmaligen Beobachtung, bereits zu den Grundkenntnissen des Naturwissenschaftlers. Die Nutzung dieser Prinzipien hat u. a. zur dritten, aufstrebenden Klasse von Schmelzspinnfaserstoffen, den Polypropylenfaserstoffen, und zu einem aussichtsreichen neuen Synthesekautschuktyp geführt.

Die beiden vorliegenden Bände geben Zeugnis davon, mit welcher Schaffensintensität an experimenteller und publikatorischer Arbeit sich *Natta* und seine Schule zwischen 1954 und 1959 mit der Stereospezifität bei Polymersynthesen auseinandergesetzt haben. Alle in diesem Zeitraum von der Mailänder Forschungsgruppe verfolgten Arbeiten sind in chronologischer Abfolge in den Sammelbänden aufgeführt, 40 davon in ihrem Originalumfang, die übrigen in Form von (teilweise recht ausführlichen, stets aber aussagekräftigen) Autorreferaten.

Ich halte es für ein dankenswertes Unternehmen, eine Sammlung der bemerkenswerten *Natta*-Arbeiten, die zu einem erheblichen Teil in etwas schwieriger zugänglichen Zeitschriften erschienen sind, durch diese Publikation in Buchform allen Interessenten zugänglich zu machen.

Der Ideenreichtum, die experimentelle Sorgfalt und die klare Sprache der hier gesammelt vorliegenden *Natta*-Veröffentlichungen lassen erwarten, daß sie die Zeiten zunehmender Literaturflut ebenso überdauern werden wie wir dies von den „Collected Papers of *W. H. Carothers*" und den *Flory*schen „Principles" schon sicher wissen.

Man kann den beiden bislang vorliegenden Bänden jedenfalls einen festen Platz (und einen weiten Benutzerkreis) in allen Institutionen wünschen, deren Hauptanliegen Forschung und Lehre oder Ausbildung auf dem Gebiet der reinen und angewandten Polymerwissenschaft ist.

Ein nach Sachgebieten (Übersichtsarbeiten, Synthese neuer Polymerer, Kinetik und Mechanismen stereospezifischer Polymerisationen, Copolymerisationen, Organometallkomplex-Katalysatoren, Kristallstruktur, Eigenschaften und Charakterisierung taktischer und ataktischer Polymerer) geordnetes Verzeichnis am Ende des zweiten Bandes erleichtert das Aufsuchen von Arbeiten unter speziellen Gesichtspunkten.

G. Reinisch

1968 Book of ASTM Standards. Part 30. General Test Methods. Ausgabe Mai 1968. Herausgegeben von der American Society for Testing and Materials, 1916 Race St., Philadelphia, Pa. 19103. Baltimore (USA): American Society for Testing and Materials. März 1968. XXI, 1250 S. Lwd. $ 21,—.

Der Band 30 der ASTM-Standards enthält die allgemeinen Prüfmethoden. Aus einem Vergleich mit der dem Rezensenten vorliegenden Ausgabe 1965 geht hervor, daß der Umfang des Bandes um genau 50% zugenommen hat. Das ist in erster Linie auf die 70 neu aufgenommenen Standards zurückzuführen, während nur 32 der früheren nicht mehr enthalten sind. Von den nach wie vor enthaltenen Standards sind 36 unveränderte Ausgaben, auf die nicht näher eingegangen werden soll, und 27 Neuausgaben.

Die Neuausgaben der bereits früher enthaltenen Standards befassen sich mit der Güte von Thermometern (E 1), der mikroskopischen Bestimmung der Teilchengrößenverteilung (E 20), der Bestimmung des Erweichungspunktes (E 28), Rundungsregeln (E 29), der künstlichen Bewetterung mit einem Kohlenbogengerät (E 42), der Überprüfung von Thermometern (E 77), der Nachprüfung und Klassifizierung von Dehnungsmeßgeräten (E 83), Wärmeöfen (E 95), der Bestimmung der Wasserdampfdurchlässigkeit (E 96), der Güte von Aräometern (E 100), Labortrockenöfen (E 145), dem *Dumas*-Verfahren zur Mikrobestimmung von Stickstoff (E 148), den Forderungen an Präzisionssiebe mit Mikromaschen (E 161), Begriffen der Mikroskopie (E 175), den Ausreißerwerten bei Messungen (E 178), der Auswahl der geometrischen Bedingungen für Messungen der Reflexion und Durchlässigkeit (E 179), der natürlichen Belichtung hinter Glas (E 187), Klimakammern und Betriebseinrichtungen für Prüfungen oberhalb und unterhalb der Raumtemperatur

(E 197), der Bestimmung der Eigenschaften von Thermoelement-Materialien (E 207), Deckgläsern und Objektträgern für die Mikroskopie (E 211), der Bestimmung der thermischen Ausdehnung von Festkörpern (E 228), EMK-Tabellen für Thermoelemente (E 230), Thermoelementen für die Kerntechnik (E 235), einem Gerät zur Mikrobestimmung von Alkoxylgruppen (E 236), Gefäßen für Mikrovolumina (E 237), Leistungscharakteristiken von Dehnungsmeßstreifen (E 251) sowie der Bestimmung der Dicke von Folien durch Wägen (E 252).

Die 70 neu aufgenommenen Standards behandeln die instrumentelle zahlenmäßige Bestimmung von Farbdifferenzen opaken Materials (D 2244), die photographischen und photometrischen Arbeitsgänge in der Spektralanalyse (E 115, E 116), die Form und Größe von Graphitelektroden (E 130), die Begriffe und Symbole der Molekülspektroskopie (E 131) und der Emissionsspektroskopie (E 135), die Forderungen an Massenspektrometer (E 137), die spektrochemischen Berechnungen (E 158), die allgemeinen Techniken der quantitativen Infrarot- (E 168) und Ultraviolett-Technik (E 169), die Begriffe der Dosimetrie (E 170), die Anregungsquelle bei spektrochemischer Analyse (E 172), die Entwicklung genauer Daten für ASTM-Analysenmethoden (E 180), die Analyse von Radioisotopen (E 181) und von Phosphor 32 (E 182), die Bestimmung von Reaktivitätsänderungen bestrahlter anorganischer Materialien (E 183), die Wirkung von Hochenergiestrahlung auf Metalle (E 184), die Überwachungsprüfungen von Strukturmaterialien in Kernreaktoren (E 185), die Standardlösungen für die chemische Analyse (E 200), die Berechnung von Masse und Volumen industrieller chemischer Flüssigkeiten (E 201), die Wasserbestimmung nach der *Karl-Fischer*-Methode (E 203), die Identifizierung von Materialien durch Absorptionsspektroskopie (E 204), die coulometrische Uranbestimmung (E 217), die Bestimmung der Uran- und Plutonium-Spaltung (E 219, E 244), ein System der Verschlüsselung periodischer wissenschaftlicher Zeitschriften (E 250), die Begriffe für Empfindungsbeurteilungen von Werkstoffen (E 253), die Herstellung von Weißstandards (E 259), allgemeine Gaschromatographie-Verfahren (E 260), die Messung des Neutronenflusses durch Radioaktivierungstechnik allgemein (E 261, E 262) sowie für Eisen (E 263), Nickel (E 264), Schwefel (E 265) und Aluminium (E 266), die Bestimmung der Uran- und Plutonium-Konzentration (E 267) und -Spaltung (E 321), die Beschreibung und Messung der Leistung von Spektralphotometern (E 275), die Begriffe für das Aussehen von Materialien (E 284), die Entflammungsprüfung thermischer Isolationsmaterialien (E 285), die Forderungen an Büretten (E 287) und andere Volumengefäße (E 288), die interferometrische Bestimmung der thermischen Ausdehnung von Festkörpern (E 289), die Pumpgeschwindigkeit von Vakuumkammersystemen (E 294) und Öldiffusionspumpen (E 295), die Isolationsmeßgeräte für Weltraumsimulatoren (E 296), die Eichung von Ionisations-Vakuummeßrohren (E 297), die Probenahme von Industriechemikalien (E 300), die Massenspektrometer (E 304), die Absoluteichung von Reflexionsstandards (E 306), die spektrale Emission bei höheren Temperaturen (E 307), die Spektrophotometrie und Beschreibung von Farben im CIE-1931-System (E 308), die Probenahme für die spektrochemische Analyse (E 311), die Beschreibung und Auswahl der Bedingungen für photographische Muster (E 312), die Bestimmung des Weißgrades und der Vergilbung nahezu weißer, opaker Materialien (E 313), die kolorimetrische Uranbestimmung in wäßrigen Lösungen (E 318), die Prüfung einarmiger Waagen (E 319), die radiochemische Bestimmung von Cäsium 137 in Kernbrennstofflösungen (E 320), die Forderungen an perforierte Prüfsiebe (E 323), die Spannungsrelaxationsprüfung an Materialien und Bauteilen (E 328), die weltraumsimulierende Prüfung von Kontrollmaterialien (E 332) speziell für ultraviolette Sonnenstrahlung (E 333), die Infrarot-Mikroanalyse (E 334), die Differenzen zwischen produzierten alkoholischen Getränken und Standards (E 339), die Bestimmung der Plasmabogen-Gasenthalpie (E 341), die Bestimmung des Flusses langsamer Neutronen (E 343), die Begriffe bei Temperaturmessungen (E 344), dem Menschen angepaßte Weltraumeinrichtungen (E 348), die Begriffe bei Weltraumsimulationen (E 349) und schließlich die Begriffe und Beziehungen der Gaschromatographie (E 355).

An der Bearbeitung des Bandes 30 sind 13 ASTM-Komitees beteiligt, und zwar Prüfmethoden (E-1), Emissionsspektroskopie (E-2), Radioisotope und Strahlungswirkungen (E-10), Statistische Methoden (E-11), Aussehen von Materialien (E-12), Molekularspektroskopie (E-13), Massenspektroskopie (E-14), Empfindungsbewertung von Materialien und Erzeugnissen (E-18), Chromatographie (E-19), Temperaturmessung (E-20), Raumsimulation (E-21), Mikroskopie (E-25) sowie Alterung nichtmetallischer Materialien (G-3).

Der Band 30 enthält — wie die gegebene Übersicht zeigt — eine ganze Reihe grundlegender Standards, die für jeden Materialprüffachmann von Interesse sind, der sich über die außerhalb des eigenen Fachgebietes durchgeführten Arbeiten informieren will. *F. Winkler*

Introduction to Textiles. Von *Evelyn E. Stout.* 3. Aufl. New York/London/Sydney/Toronto: John Wiley & Sons 1970. 434 S. Lwd. 90 s.

Das Buch gliedert sich in 17 Hauptabschnitte, wobei der Schwerpunkt auf der Besprechung wichtiger Natur- und Chemiefaserstoffe (Gewinnung, struktureller Aufbau, Eigenschaften, Einsatz) liegt — unter besonderer Beachtung wirtschaftlicher Aspekte in den USA —; aber auch die Herstellung von Garnen, Texturseiden, Geweben, Gestricken und Vliesstoffen und deren Veredlung sowie Zweck und Methoden der Faserstoffmischung werden angesprochen. Schließlich weist das Buch auf die wichtigsten amerikanischen Gütestandards hin und bringt einige Betrachtungen über den Zusammenhang zwischen Faserstoffeigenschaften und Erzeugnisgüte. Die Ausführungen bauen auf zahlreichen Veröffentlichungen in amerikanischen Fachzeitschriften auf, die häufig wörtlich zitiert werden.

Gegenüber der 2. Auflage (1965) sind einige wesentliche Veränderungen erfolgt, von denen hier nur die Besprechung neuerer Fasertypen (NOMEX, QIANA, CANTRECE, PA-PE-Bikonstituentenfasern, hochtemperaturbeständige organische Faserstoffe) sowie neuerer technologischer Entwicklungen (z. B. auf dem Gebiet der Texturierung von Seiden und der Herstellung von Spinnvliesstoffen) erwähnt werden sollen.

Das Buch vermittelt dem Leser einen warenkundlichen Überblick über das weite Gebiet der Herstellung, der zweckgerichteten Weiterentwicklung, Veredlung und Behandlung von Textilien; es dürfte daher vorzugsweise für die Ausbildung an Berufsschulen geeignet sein. Indem es auf die neuesten Strukturvorstellungen, technologischen Entwicklungen usw. hinweist, regt es den Leser zu einem vertiefenden Studium der Fachliteratur an. *A. Mally*

Patentschau

Auszug aus der Lieferung 17/18/1970 der Patentschau „Faserstoffe und Textiltechnik", Ausgabe A: Faserstoffe einschl. Kunststoffe und organ. Grundsubstanzen, zusammengestellt von der Abteilung Wissenschaftliches Berichtswesen des Instituts für Faserstoff-Forschung der DAW, 153 Teltow-Seehof, Kantstr. 55

Die Patentschau ist nach der Internationalen Patentklassifikation (IPC) gegliedert. Es bedeuten: DDP = DDR-Patent; DBP = Deutsches Bundespatent; DAS = (West-)Deutsche Auslegeschrift; DOS = (West)-Deutsche Offenlegungsschrift; OeP = Österreichisches Patent; PoP = Polnisches Patent; SzP = Schweizer Patent; FrP = Französisches Patent; GBP = Britisches Patent; JaP = Japanisches Patent; SvP = Schwedisches Patent; SUP = Sowjetisches Patent; ČSP = Tschechoslovakisches Patent; USP = Amerikanisches Patent; A = Anmeldedatum, B = Tag der Ausgabe der Patent-, Offenlegungs- bzw. Auslegeschrift.

Section B, Verformende Bearbeitung

Klasse B 65, Transport, Verpackung und Lagerung

Klasse B 65h, Handhabung von flachem und faserförmigem Material, z. B. Platten, Netzen, Seilen

DOS 1933641. Automatischer Spulenwechsler für Spulvorrichtungen. Erf.: *Asko Sakari Riekkinen.* Anm.: Oy Nokia AB, Nokia (Fi). A. 2. 7. 69, O. 8. 1. 70. Kl.: 47k, 5/10. A.-Z.: P 1933641. Prior.: 2. 7. 68 (Fi; A.-Z.: 1900/68).

Section C, Chemie und Metallurgie

CHEMIE

Klasse C 03, Glas; Mineral- und Schlackenwolle

C 03b, Herstellung, Formgebung und Nachbehandlungsverfahren

SUP 268613 (Urheberschein). Fadenabscheidungskammer zum Formen von Erzeugnissen aus Fasermaterialien. Erf.: *V. V. Ulybyšev, M. M. Chudjakov, V. N. Balašov, Ja. A. Škol'nikov, B. M. Polik, M. N. Lebeder, N. P. Petrov, R. N. Kibardin, A. M. Obodnikov* u. *N. N. Bugrova.* A. 29. 1. 69, B. 10. 4. 70. Kl.: 32a, 37/00 (80b, 6/07). A.-Z.: 1302043/29–33.

SUP 268614 (Urheberschein). Vorrichtung zur gleichmäßigen Verteilung von Fasern. Erf.: *Ju. P. Čuprijanov, V. I. Škalikov, V. G. Tiščenko* u. *N. M. Šaljutin.* Anm.: Ukrainskij Filial Vsesojuznogo naučno-issledovatel'skogo Instituta stekloplastikov i steklovolokna. A. 17. 1. 69, B. 10. 4. 70. Kl.: 32a, 37/00 (76c, 10/01). A.-Z.: 1298769/29–33.

Klasse C 03c, Chemische Zusammensetzung von Gläsern, Glasuren oder Emails; Oberflächenbehandlung von Glas; Verbinden von Glas mit Glas oder anderen Stoffen

DOS 1494861. Verfahren zum Veredeln von Glasfasern und Formgebilden aus ihnen. Erf.: *Karl Martin, Wolfgang Stabel.* Anm.: Badische Anilin- & Soda-Fabrik AG, 6700 Ludwigshafen. A. 23. 3. 66, O. 8. 1. 70. Kl.: 32b, 25/02. A.-Z.: P 1494861 (B 86326). Entspr. FrP 1516619.

USP 3502456. Verfahren und Vorrichtung zum heißen Reinigen von Glasfasergewebe. Erf.: *Campbell B. Fetner.* Inh.: Gas Heat Engineering Corp., N. C. Charlotte. A. 6. 9. 68, B. 24. 3. 70. Kl.: 65-32, Int. Kl.: C 03c 25/00. 6 Anspr. A.-Z.: 758079.

Klasse C 07, Organische Chemie

Klasse C 07c, Acyclische und carbocyclische Verbindungen

JaP 7005247-R. Durch Dampfphasenoxydation von Propylen hergestellte Acrylsäure. Inh.: Mitsubishi Petro Chem. Co. Ltd. A. 7. 9. 66, B. 21. 2. 70. A.-Z.: 59053/66.

USP 3502711. Reinigen von Dimethylterephthalat. Erf.: *Billy E. Claybaugh, Lloyd E. Compton, James K. Nickerson* u. *Albert J. Shmidl.* Inh.: Esso Research and Engineering Co. A. 17. 10. 66, B. 24. 3. 70. Kl.: 260-475, Int. Kl.: C 07c 67/06 u. 69/82. 9 Anspr. A.-Z.: 587028

Klasse C 07d, Heterocyclische Verbindungen

JaP 7004989-R. Reinigung wasserunlöslicher Lactame unter Verwendung von Na- und K-hydroxidlösungen. Inh.: Toyo Rayon Co. Ltd. A. 19. 10. 65, B. 19. 2. 70. A.-Z.: 63720/65.

Klasse C 08, Makromolekulare Verbindungen; ihre Herstellung und chemische Verarbeitung; auf diesen Verbindungen beruhende Gemische

Klasse C 08b Polysaccharide und deren Derivate

JaP 7005272-R. Herstellung von feinem Cellulosepulver. Inh.: Asahi Chemical Industry Co. Ltd. A. 26. 12. 66, B. 21. 2. 70. A.-Z.: 84474/66.

GBP 1191158. Vorrichtung und Verfahren zur kontinuierlichen Herstellung von Viskose aus Alkalicellulose. Inh.: Filmfabrik Wolfen VEB. A. 17. 7. 67, B. 6. 5. 70. Kl.: C 3, A, Int. Kl.: C 08b 9/04. A.-Z.: 32806/67.

PoP 60343. Zus. z. Pat. 47842. Verfahren zur Verbindung von Butylkautschukgemischen mit Geweben aus Synthesefasern. Erf.: *Stefan Chomiszczak.* Inh.: Szefostwo Wojsk Chemicznych Ministerstwo Obrony Narodowej, Warschau (Po). A. 29. 3. 67. Kl.: 39b3, 13/16. A.-Z.: 119725.

Klasse C 08f, Polymerisationsprodukte

DOS 1520758. Verfahren zum Polymerisieren von Olefinen. Erf.: *Edward William Duck* u. *Philip Martinus Duinker.* Anm.: Shell Internationale Research Maatschappij N. V., Den Haag (Nd.). A. 19. 3. 62, O. 8. 1. 70. Kl.: 39b4, 1/32. A.-Z.: P 1520758 (S 78557). Prior.: 20. 3. 61 (Nd; A.-Z.: 262576). Entspr. GBP 946015, USP 3297586 u. USP 3222333.

DOS 1520876. Verfahren zum Polymerisieren von Vinyl- und/oder Vinyliden-Monomeren. Erf.: *Giancarlo Borsini, Carlo Nicora* u. *Angelo Segalini.* Anm.: Societa Edison, Mailand (It.) A. 7. 7. 64, O. 29. 1. 70. Kl.: 39b4, 1/28. A.-Z.: P 1520876 (S 91911). Prior.: 31. 7. 63 (It; A.-Z.: 15964/63). Entspr. SzP 463790, FrP 1403414, GBP 1018315 u. USP 3409601.

DOS 1570842. Verfahren zur Steuerung eines Polymerisationsprozesses in einem geschlossenen Behälter. Erf. u. Anm.: *Svend Kaaber* u. *Per Wolff,* Rugmarken, Farum (Da). A. 6. 2. 65, O. 29. 1. 70. Kl.: 39b4, 1/11. A.-Z.: P 1570842 (K 55210). Prior.: 7. 2. 64 (Da; A.-Z.: 600/64). Entspr. USP 3440219.

DOS 1924708. Verfahren zur Herstellung von Alkylenpolymerisaten. Erf.: *Cornelis Emile Petrus Valerius van den Berg* u. *Leonhard Jozef Gerard Tummers.* Anm.: Stamicarbon N. V., Heerlen (Nd). A. 14. 5. 69, O. 8. 1. 70. Kl.: 39b4, 1/42. A.-Z.: P 1924708. Prior.: 15. 5. 68 (Nd; A.-Z.: 6806891 u. 6806892). Entspr. FrP 2010468.

SzP 492742. Verfahren zum Polymerisieren von Acrylnitril und Verwendung der erhaltenen Polymere bzw. Copolymere zur Herstellung von geformten Artikeln. Erf.: *Sergio Lo Monaco* u. *Luigi Patron.* Inh.: Chatillon Soc. An. Italiana per le Fibre Tessili Artificiali S.p.A., Mailand (It). A. 16. 1. 68. Int. Kl.: C 08f 1/62 u. D 01d 7/02. A.-Z.: 630/68. Prior.: 17. 1. 67 (It; A.-Z.: 11559/67).

FrP 2015296. Verfahren zur Polymerisation von Tetrafluoräthylen in wäßriger Phase sowie nach diesem Verfahren erhaltene Produkte. Erf.: *D. Sianesi, G. Bernardi* u. *G. Veroli.* Inh.: Montecatini Edison S.p.A. A. 7. 8. 69, B. 12. 6. 70. Int. Kl.: C 08f 1/00, 3/00. A.-Z.: 6927146. Prior.: 8. 8. 68 (It; A.-Z.: 19948 A/68).

GBP 1185305. Verfahren zur Herstellung Copolymerer von Olefinen mit einem hohen Acrylnitrilanteil. Inh.: Imperial Chemical Industries Ltd. A. 24. 3. 66, B. 25. 3. 70. Kl.: C 3. P, Int. Kl.: C 08f 1/00, 19/00. A.-Z.: 13070/66. Entspr. FrP 1515628 u. FrP 1566490.

GBP 1190335. Olefincopolymere. Inh.: Montecatini Edison. A. 8. 4. 68, B. 6. 5. 70. Kl.: C 3. P, Int. Kl.: C 08f 1/42. A.-Z.: 16756/68. Prior.: 12. 4. 67 (It; A.-Z.: 793304).

USP 3501450. Verfahren zur Polymerisation von Äthylen mit einem Katalysator aus einem Organozinnhydrid, einer Übergangsmetallverbindung und einem Organozinnphenoxid. Erf.: *Kazuo, Itoi.* Inh.: Kurashiki Rayon Co., Ltd., Kurashiki (Ja). A. 8. 7. 65, B. 17. 3. 70. Kl.: 260-94,9, Int. Kl.: C 08f 1/42 u. 3/04. 6 Anspr. A.-Z.: 470603. Prior.: 14. 7. 64 (Ja; A.-Z.: 39/39107). Entspr. GBP 1107188 u. JaP 13931/68.

USP 3502630. Verfahren zur Herstellung von Polyvinylchloriden mit hoher Stereoregularität. Erf.: *Giancarlo Borsini* u. *Carlo Nicora.* Inh.: Montecatini Edison S.p.A., Mailand (It). A. 1. 4. 65, B. 24. 3. 70. Kl.: 260-92,8. Int. Kl.: C 08f 1/34, 1/42 u. 3/30. 14 Anspr. A.-Z.: 444811. Prior.: 2. 4. 64 (It; A.-Z.: 7036/64). Entspr. DDP 50003, SzP 451525, FrP 1435285 u. GBP 1043026.

DDP 72381. Verfahren zur Polymerisation von Vinylchlorid. Erf. u. Inh.: *Karl Heinz Prell, Edgar Plaschil* u. *Wolfgang Schneider.* A. 23. 5. 69, B. 12. 4. 70. Kl.: 39b4, 3/30. A.-Z.: WP 39b4/140158.

DOS 1495759. Verfahren zur Polymerisation von α-Olefinen zu makromolekularen Produkten hoher Stereoregularität. Erf.: *Jürgen Helberg.* Anm.: Farbwerke Hoechst AG vorm. Meister Lucius & Brüning, 6230 Frankfurt-Höchst. A. 25. 11. 63, O. 29. 1. 70. Kl.: 39b4, 3/02. A.-Z.: P 1495759 (F 41352). Entspr. SzP 485783, FrP 1415212 u. GBP 1020320.

DOS 1520137. Verfahren zur Polymerisation von Isoolefinen. Erf.: *Seinosuke Otsuka, Masato Kawakami, Kikuo Yamagami, Fumitake Imaizumi, Masayuki Endo* u. *Suetomi Muranishi.* Anm.: Japan Synthetic Rubber Co. Ltd., Tokio. A. 24. 1. 64, O. 22. 1. 70. Kl.: 39b4, 3/02. A.-Z.: P 1520137 (J 25176). Prior.: 25. 1. 63 (Ja; A.-Z.: 3444-63). Entspr. GBP 1042383.

DOS 1520390. Verfahren zur Polymerisation von Isobuten. Erf.: *Umberto Maffezzoni, Ermanno Susa* u. *Vittorio Desio.* Anm.: Montecatini Edison S.p.A., Mailand (It). A. 21. 5. 64, O. 22. 1. 70. Kl.: 39b4, 3/14. A.-Z.: P 1520390 (M 61069). Prior.: 31. 5. 63 (It; A.-Z. 11321-63). Entspr. FrP 1396193 u. GBP 1028399.

DOS 1520739. Katalysator und Verfahren zur Polymerisation von Propylen. Erf.: *Felix Bloyaert.* Anm.: Solvay & Cie., Brüssel (Be). A. 19. 10. 61, O. 8. 1. 70. Kl.: 39b4, 3/08. A.-Z.: P 1520739 (S 76325). Prior.: 31. 11. 60 (Nd; A.-Z.: 258547). Entspr. GBP 958545 u. USP 3159614.

DOS 1520781. Verfahren zur Polymerisation von Olefinen. Erf.: *Felix Bloyaert* u. *Henri Toussaint.* Anm.: Solvay & Cie,. Brüssel. A. 13. 10. 62, O. 22. 1. 70. Kl.: 39b4, 3/02. A.-Z.: P 1520781 (S 82032). Prior.: 15. 11. 61 (Nd; A.-Z.: 271390). Entspr. SzP 409407 u. GBP 960086.

DOS 1520786. Verfahren zur Polymerisierung olefinisch ungesättigter Kohlenwasserstoffe in der Wirbelschicht. Erf.: *Simon Mostert.* Anm.: Shell Internationale Research Maatschappij N. V., Den Haag. A. 28. 11. 62, O. 22. 1. 70, Kl.: 39b4, 3/02. A.-Z.: P 1520786 (S 82608). Prior.: 30. 11. 61 (Nd; A.-Z.: 271985). Entspr. GBP 968139.

DOS 1520792. Verfahren zur Polymerisation von Olefinen. Erf.: *Robert Van Weynbergh* u. *Louis Schmitz.* Anm.: Solvay & Cie., Brüssel. A. 24. 1. 63, O. 22. 1. 70. Kl.: 39b4, 3/02. A.-Z.: P 1520792 (S 83406). Prior: 6. 2. 62 (Be; A.-Z.: 613567). Entspr. GBP 996741.

DOS 1520809. Verfahren zum Polymerisieren von α-Olefinen. Erf.: *Attilio Palvarini, Sabino Caporale* u. *Annamaria Parentela.* Anm.: Snia Viscosa Società Nazionale Industria Applicazioni Viscosa S.p.A., Mailand (It). A. 7. 5. 63, O. 2. 1. 70. Kl.: 39b4, 3/02. A.-Z.: P 1520809 (S 85084). Prior.: 7. 5. 62 (It; A.-Z.: 9052-62). Entspr. FrP 1370625 u. GBP 1039565.

DOS 1520813. Verfahren zur Niederdruck-Polymerisation von Äthylen. Erf.: *Felix Bloyaert* u. *Henri Toussaint.* Anm.: Solvay & Cie., Soc. An., Brüssel. A. 11. 6. 63, O. 2. 1. 70. Kl.: 39b4, 3/02. A.-Z.: P 1520813 (S 85615). Prior.: 11. 7. 62 (Be; A.-Z.: 620081). Entspr. GBP 1000660 u. USP 3303181.

DOS 1520852. Verfahren zur Polymerisation olefinisch ungesättigter Kohlenwasserstoffe in einer Wirbelschicht. Erf.: *Simon Mostert.* Anm.: Shell Internationale Research Maatschappij N. V., Den Haag (Nd). A. 19. 2. 64, O. 29. 1. 70. Kl.: 39b4, 3/02. A.-Z.: P 1520852 (S 89592). Prior.: 21. 2. 63 (Nd; A.-Z.: 289255). Entspr. GBP 1010627.

DOS 1520896. Verfahren zum Polymerisieren von Vinylchlorid. Erf.: *Giancarlo Borsini, Francesco Visani* u. *Luciano Lodi.* Anm.: Società Edison, Mailand (It). A. 14. 11. 64, O. 2. 1. 70. Kl.: 39b4, 3/30. A.-Z.: P 1520896 (S 94190). Prior.: 18. 11. 63 (It; A.-Z.: 23493-63). Entspr. DDP 44270, SzP 432001, FrP 1423801 u. GBP 1086497.

DOS 1520966. Verfahren zur stereospezifischen Polymerisation von Polypropylen. Erf.: *Eduard Hilbrand Adema, Johannes Bernardus M. Laaunen* u. *Johannes Cornelis Soeterbroek.* Anm.: Stamicarbon N. V., Heerlen (Nd). A. 25. 10. 63, O. 29. 1. 70. Kl.: 39b4, 3/08. A.-Z.: P 1520966 (St 21231). Prior.: 26. 10. 62 (Nd; A.-Z.: 284799). Entspr. SzP 431997, FrP 1371723, GBP 1039998 u. USP 3318859.

DOS 1570836. Verfahren zur Herstellung von fluorhaltigen Hochpolymeren. Erf.: *Susumu Okazaki* u. *Nobuo Bannai.* Anm.: Kureha Chemical Industry Co. Ltd., Tokio (Ja). A. 9. 10. 64, O. 29. 1. 70. Kl.: 39b4, 3/22. A.-Z.: P 1570836 (K 54214). Prior.: 11. 10. 63 (Ja; A.-Z.: 54249/63). Entspr. FrP 1419741, GBP 1079108 u. JaP 4867/68.

FrP 2015158. Verfahren zur Herstellung eines Polyvinylchlorids mit hohem stereochemischem Gleichmäßigkeitsgrad sowie nach diesem Verfahren erhaltene Polymere. Inh.: Snia Viscosa Società Nazionale Industria Applicazioni Viscosa S.p.A. A. 5. 8. 69, B. 12. 6. 70. Int. Kl.: C 08f 1/00, 3/00. A.-Z.: 6926911. Prior.: 6. 8. 68 (It; A.-Z.: 19880 A/68).

GBP 1190587. Verfahren und Vorrichtung zur Verminderung von Ablagerungen bei Polymerisationsprozessen. Inh.: Norsk Hydro-Elektrisk Kvaelstof A. S. A. 31. 5. 67, B. 6. 5. 70. Kl.: B 1.X, Int. Kl.: B 01j 3/00. A.-Z.: 25177/67. Prior.: 15. 6. 66 (No; A.-Z.: 163477).

JaP 7003935-R. Lösungen von Polyvinylestern in Methanol bzw. Äthanol durch Lösungsmittelaustausch mit t-Butanol. Inh.: Kurashiki Rayon Co. Ltd. A. 16. 3. 65, B. 20. 2. 70. A.-Z.: 15205/65.

ČSP 135535. Verfahren zur sterischen selektiven Polymerisation olefinischer ungesättigter Kohlenwasserstoffe. Erf.: *Giulio Natta, Piero Pino* u. *Giorgio Mazzanti.* A. 7. 12. 55, B. 31. 8. 69. Kl.: 39c, 25/01 (12o, 1/06). A.-Z.: 3513-55. Prior.: 16. 12. 54 (It).

USP 3502633 Zus. z. Pat. m. A.-Z.: 116653. A. 2. 6. 61. Polymerisationsverfahren. Erf.: *Robert H. Schwaar* u. *E. Gordon Foster.* Inh.: Shell Oil Co., New York, N. Y. A. 31. 5. 66, B. 24. 3. 70. Kl.: 260-93,7, Int. Kl.: C 08f 3/10. 10 Anspr. A.-Z.: 554213.

DOS 1495707. Verfahren zur Herstellung stabiler Emulsionen von Copolymerisaten des Äthylens. Erf.: *Dietrich Glabisch* u. *Herbert Bartl.* Anm.: Farbenfabriken Bayer AG, 5090 Leverkusen. A. 12. 1. 63, O. 29. 1. 70. Kl.: 39b4, 15/40. A.-Z.: P 1495707 (F 38761). Entspr. FrP 1378785, GBP 989678 u. USP 3297618

DOS 1520160. Verfahren zur Herstellung von Polyvinylalkohol. Erf.: *Kiyoshi Fujii, Saburo Imoto, Junji Ukida* u. *Masakazu Matsumoto.* Anm.: Kurashiki Rayon Co. Ltd., Kurashiki City (Ja). A. 24. 8. 60, O. 22. 1. 70. Kl.: 39b4, 15/16. A.-Z.: P 1520160 (K 41537). Prior.: 3. 9. 59 (Ja; A.-Z.: 27986-59).

DOS 1520755. Verfahren zum Mischpolymerisieren von halogenierten Olefinkohlenwasserstoffen, die mindestens ein Fluoratom enthalten, mit Äthylen und/oder α-Olefinen. Erf.: *Mario Ragazzini* u. *Donato Carcano.* Anm.: Società Edison, Mailand (It). A. 5. 3. 62, O. 2. 1. 70. Kl.: 39b4, 15/02. A.-Z.: P 1520755 (S 78337). Prior.: 10. 3. 61 (It; A.-Z.: 4527/61). Entspr. GBP 949422, SvP 318716, USP 3371076 u. USP 3501446.

DOS 1570315. Verfahren zur Herstellung von Propylenpolymerisaten durch Mischpolymerisation von Propylen mit Butadien. Erf.: *Joachim Stedefeder.* Anm.: Badische Anilin- & Soda-Fabrik AG, 6700 Ludwigshafen. A 19. 11. 65, O. 22. 1. 70. Kl.: 39b4, 15/04. A.-Z.: P 1570315 (B 84567). Entspr. FrP 1504101.

DOS 1595299. Verfahren zur Herstellung von farbigen wasserlöslichen vernetzbaren Copolymerisaten. Erf.: *Klaus Gulbins, Hans Wilhelm* u. *Günter Lange.* Anm.: Badische Anilin- & Soda-Fabrik AG, 6700 Ludwigshafen. A. 15. 1. 66, O. 22. 1. 70. Kl.: 39b4, 15/00. A.-Z.: P 1595299 (B 85423). Entspr. SzP 484950, FrP 1508438 u. GBP 1166314.

FrP 1590615. Verfahren zur anionischen Herstellung von Pfropfcopolymeren. Erf.: *C. Niemerich.* Inh.: Aquit Aine-Organico. A. 4. 6. 68, B. 29. 5. 70. Int. Kl.: C 08f 15/00, 27/00. A.-Z.: 153724.

DOS 1495799. Verfahren zur Herstellung von ungesättigten Äthylen-Vinylacetat-Copolymerisaten. Erf.: *Raoul Resz* u. *Herbert Bartl.* Anm.: Farbenfabriken Bayer AG, 5090 Leverkusen. A. 6. 5. 64, O. 29. 1. 70. Kl.: 39b4, 17/00. A.-Z.: P 1495799 (F 42814). Entspr. FrP 1449683.

DOS 1520955. Verfahren zur Herstellung von Mischpolymerisaten aus Äthylen und mindestens einem anderen Alken und mindestens einer polyungesättigten endocyclischen Verbindung. Erf.: *Cornelius Emile Petrus Valerius van den Berg* u. *Pierre Joseph Franssen.* Anm.: Stamicarbon N. V., Heerlen (Nd). A. 1. 3. 63, O. 29. 1. 70. Kl.: 39b4, 17/00. A.-Z.: P 1520955 (St 20359). Prior.: 2. 3. 62 (Nd; A.-Z. 275509). Entspr. FrP 1355835 u. GBP 1027212.

GBP 1186361. Filme aus Copolymeren aromatischer Olefine mit hohem Acrylnitrilanteil. Inh.: Imperial Chemical Industries Ltd. A. 10. 3. 67, B. 2. 4. 70. Kl.: C3.P, Int. Kl.: C 08f 19/16. A.-Z.: 13072/66. Entspr. DDP 60644 u. FrP 1559389.

DOS 1520840. Verfahren zur Erhöhung der Wärme- und Lichtbeständigkeit von Polymerisaten und Mischpolymerisaten des Vinylchlorids. Erf.: *Luciano Scarso, Giorgo Boccato* u. *Adelio Rigo.* Anm.: Société Edison, Mailand (It). A. 12. 12. 63, O. 2. 1 70. Kl.: 39b4, 27/00. A.-Z.: P 1520840 (S 88688). Prior.: 22. 12. 62 (It; A.-Z.: 25130-62). Entspr. SzP 439750, FrP 1379227, GBP 1054668, SvP 210165 u. USP 3354135.

DOS 1595241. Elastomere und Verfahren zu ihrer Herstellung. Erf.: *Robert George Minton* u. *Sidney Melamed.* Anm.: Rohm and Haas Co., Philadelphia, Pa. (US). A. 2. 6. 65, O. 22. 1. 70. Kl.: 39b4, 27/00. A.-Z.: P 1595241 (R 40772). Prior.: 4. 6. 64 (US; A.-Z.: 372476). Entspr. FrP 1447272 u. GBP 1113602.

FrP 2013391. Verfahren zur trockenen Chlorierung von Polyvinylchlorid. Inh.: Manifattura Ceramica Pozzi. A. 8. 7. 69, B. 22. 5. 70. Int. Kl.: C 08f 27/00. A.-Z.: 6925109. Prior.: 20. 7. 68 (It; A.-Z.: 19254 A/68).

GBP 1186146. Vernetzen von Polyolefinen. Inh.: Imperial Chemical Industries Ltd. A. 29. 1. 69, B. 2. 4. 70. Kl.: C3.P, Int. Kl.: C 08f 27/00. A.-Z.: 8258/68. Entspr. DOS 1908319 u. FrP 2002291.

PoP 60133. Verfahren zur Durchführung der Pfropfcopolymerisation. Erf.: *Andrzej Robalewski* u. *Lech Stolarczyk.* Inh.: Instytut Badań Jadrowych, Warschau (Po). A. 15. 1. 68. Kl.: 39b4, 25/00. A.-Z.: 124689.

SzP 491970. Verfahren zur Verringerung des hydrophoben Verhaltens von Alkylenpolymeren. Erf.: *Mathjis Joseph Maria Gerardus Kisters.* Inh.: Stamicarbon N. V., van der Maesenstraat 2, Heerlen (Nd). A. 11. 7. 68, Int. Kl.: C 08f 29/02, 37/00, 47/14. A.-Z.: 10341/68. Prior.: 14. 7. 67 (Nd; A.-Z.: 6709859).

JaP 7003788-R. Stabilisator, besonders für Polyolefine. Inh.: Mitsubishi Rayon Co. Ltd. A. 1. 4. 66, B. 7. 2. 70. A.-Z.: 20348/66.

ČSP 136922. Vulkanisierbare Gemische. Erf.: *Augusto Portolani, Giuliano Ballini, Carlo Bujtar, Cesare Augusto Peri* u. *Spartaco Fontani.* A. 4. 2. 64, B. 25. 11. 69. Kl.: 39c, 25/01, Int. Kl.: C 08f. A.-Z.: 643/64. Prior.: 14. 2. 63 (It).

DOS 1494662. Stabilisatormischung für verspinnbare Polymere. Erf.: *Mario Compostella.* Anm.: Montecatini Edison S. p. A., Mailand (It). A. 14. 7. 63, O. 8. 1. 70. Kl.: 39b4, 45/58. A.-Z.: P 1494662 (M 57514). Prior.: 18. 7. 62 (It; A.-Z.: 14445/62). Entspr. DDP 44953, SzP 445114, FrP 1362395, GBP 892472 u. SvP 313662.

USP 3502613 Zus. z. Pat. m. A.-Z.: 725193. A. 29. 4. 68; u. Pat. m. A.-Z.: 408397. A. 2. 11. 64. Licht- und wärmestabilisierte Polypropylenkompositionen. Erf.: *Richard S. Berger.* Inh.: Shell Oil Co., New York, N. Y. A. 29. 4. 69, B. 24. 3. 70. Kl.: 260-45,8, Int. Kl.: C 08f 45/60. 6 Anspr. A.-Z.: 820277.

Klasse C 08g, Polykondensations- und Polyadditionsprodukte

DOS 1520845. Verfahren zur stetigen Herstellung von Polyoxymethylen von ultrahohem Polymerisationsgrade. Erf.: *Seizo Okamura* u. *Toshinubo Higashimura.* Anm.: Seisan, Kaihatsu Kagaku, Kenkyusho, Kyoto (Ja). A. 14. 1. 64, O. 2. 1. 70. Kl.: 39b5, 1/04. A.-Z.: P 1520845 (S 89057). Prior.: 14. 1. 63 (Ja; A.-Z.: 63-1859). Entspr. FrP 1379450, GBP 1041611, SvP 315415 u. USP 3372145.

DOS 1570857. Verfahren zur Herstellung von Pfropfcopolymerisaten von Polyoxymethylen. Erf.: *Tamotsu Eguchi* u. *Takuji Okaya.* Anm.: Kurashiki Rayon Co., Ltd., Kurashiki City (Ja). A. 8. 10. 65, O. 29. 1. 70. Kl.: 39b5, 1/22. A.-Z.: P 1570857 (K 57363). Prior.: 8. 10. 64 (Ja; A.-Z.: 57061/64). Entspr. FrP 1461519, GBP 1111856 u. USP 3398074.

FrP 1591568 (Aj.). Verfahren zur Einleitung der Polymerisation und Copolymerisation von Trioxan sowie neue erhaltene Produkte. Erf.: *H. Montaubric.* Inh.: Société Chimmique des Charbonnages (S.C.C.). A. 8. 5. 68, B. 12. 6. 70. Int. Kl.: C 08g 1/00. A.-Z.: 151051.

JaP 7003791-R. Herstellung von stabilem Polyoxymethylen. Inh.: Institute Khimicheskoi Fisiki. A. 18. 2. 66, B. 7. 2. 70. A.-Z.: 9439/66.

GBP 1186167. Herstellung von Polyoxymethylen. Inh.: British Industrial Plastics Ltd. A. 28. 2. 68, B. 2. 4. 70. Kl.: C3.P, Int. Kl.: C08g 1/02. A.-Z.: 9600/67. Entspr. FrP 1566449.

DOS 1520978. Verfahren zur Herstellung von Polyestern. Erf.: *Kyoji Nakanishi, Isamu Tamai* u. *Masayuki Hara.* Inh.: Toyo Rayon Kabushiki Kaisha, Tokio. A. 9. 2. 62, O. 2. 1. 70. Kl.: 39b5, 17/003. A.-Z.: P 1520978 (T 21565). Prior.: 10. 2. 61 (Ja; A.-Z.: 3936-61). Entspr. GBP 990642.

DOS 1545142. Verfahren zur Herstellung von optisch aufgehellten Polyestern. Erf.: *Walter Rein.* Anm.: Glanzstoff AG, 5600 Wuppertal-Elberfeld. A. 20. 11. 62, O. 2. 1. 70. Kl.: 39b5, 17/14. A.-Z.: P 1545142 (V 23304). Entspr. SzP 422340, FrP 1378333, GBP 1005996, SvP 207293 u. USP 3344115.

DOS 1570640. Verfahren zur Herstellung hochmolekularer thermoplastischer Polycarbonate durch Umestern. Erf.: *Hugo Vernaleken, Ludwig Bottenbruch, Hermann Schnell* u. *Claus Wulff.* Anm.: Farbenfabriken Bayer AG, 5090 Leverkusen. A. 29. 12. 65, O. 22. 1. 70. Kl.: 39b5, 17/13. A.-Z.: 5070640 (F 48040). Entspr. FrP 1506059 u. GBP 1110736.

DOS 1595628. Verbindung mit zwei oder mehr Acetessigestergruppen. Erf.: *Albrecht Moschel* u. *Alfred Kühlkamp.* Anm.: Farbwerke Hoechst AG vorm. Meister Lucius & Brüning. 6230 Frankfurt-Höchst. A. 12. 5. 66, O. 22. 1. 70. Kl. 39b5, 17/14. A.-Z.: P 1595628 (F 49184). Entspr. FrP 1522839.

DOS 1933136. Verfahren zur Herstellung von Homo- oder Copolymerisaten von β-Propiolactonen. Erf.: *Willem Marius Wagner.* Anm.: Shell Internationale Research Maatschappij N. V., Den Haag (Nd). A. 30. 6. 69, O. 8. 1. 70. Kl.: 39b5, 17/017. A.-Z.: P 1933136. Prior.: 1. 7. 68 (GB; A.-Z.: 31239/68). GBP 1182376. Entspr. FrP 2012057.

FrP 1590597. Polymerisationsverfahren. Erf.: *V. F. Jenkins* u. *D. C. Izzard.* Inh.: Laporte Chemicals Ltd. A. 17. 5. 68, B. 29. 5. 70. Int. Kl.: C 08g 17/00. A.-Z.: 152288. Prior.: 17. 5. 67 (GB; A.-Z.: 22815/67).

GBP 1189389. Verfahren zur Polymerisation von β-Lactonen und die nach diesem Verfahren erhaltenen Polymeren. Inh.: Shell Internationale Research Maatschappij N. V. A. 18. 11. 68, B. 22. 4. 70. Kl.: C3.R, Int. Kl.: C 08g 17/017. A.-Z.: 54654/68. Prior.: 20. 11. 67 (Nd; A.-Z.: 6715750).

ČSP 137354. Vorrichtung zur Herstellung von Polyäthylenterephthalat. Erf.: *Wolf-Dieter Hahn.* A. 19. 10. 65, B. 29. 12. 69. Kl.: 39c, 16, Int. Kl.: C 08g 17/00. A.-Z.: 6307/65.

USP 3503899. Katalytisch aktive Komposition und Verfahren zur Anwendung. Erf.: *William L. Hergenrother.* Inh.: The Firestone Tire & Rubber Co., Akron, Ohio. A. 13. 2. 67, B. 31. 3. 70. Kl.: 252-430. Int. Kl.: B 01j 11/32, 11/82 u. C 08g 17/003. 7 Anspr. A.-Z.: 615392. Entspr. FrP 1565356 u. GBP 1141975.

DOS 1545145. Verfahren zur Herstellung von Polyamiden und Diaminen bzw. deren Salzen. Erf.: *Fritz Wiloth.* Anm.: Glanzstoff AG, 5600 Wuppertal-Elberfeld. A. 26. 4. 63, O. 8. 1. 70. Kl.: 39b5, 20/20. A.-Z.: P 1545145 (V 23987). Entspr. SzP 463111, FrP 1387766, GBP 1012553 u. USP 3379696.

DOS 1570530. Verfahren zur Herstellung von Copolymerisaten von β-Lactamen. Erf.: *Claus Beermann, Erwin Schmidt* u. *Walter Rupp.* Anm.: Farbwerke Hoechst AG vorm. Meister Lucius & Brüning, 6230 Frankfurt-Höchst. A. 7. 1. 65, O. 29. 1. 70. Kl.: 39b5, 20/10. A.-Z.: P 1570530 (F 44890). Entspr. FrP 1464333 u. GBP 1106351.

DOS 1570968. Synthetische lineare Polycarbonsäureamide und Verfahren zu deren Herstellung. Erf.: *Lawrence Worth Crovatt jr.* u. *William Allen Hooper Huffman.* Anm.: Monsanto Co., St. Louis, Mo. (US). A. 8. 5. 65, O. 29. 1. 70. Kl.: 39b5, 20/02. A.-Z.: P 1570968 (M 65182). Prior.: 8. 5. 64 (US; A.-Z.: 366688). Entspr. FrP 1432390 u. GBP 1085666.

SzP 491150. Verfahren zur Herstellung von ternären Mischpolyamiden. Erf.: *Siegfried Schaaf* u. *Peter Gaut.* Inh.: Inventa AG für Forschung und Patentverwertung, Zürich. A. 13. 3. 67, Int. Kl.: C 08g 20/02. A.-Z.: 3583/67. Entspr. OeP 279170, FrP 1574742 u. GBP 1168404.

SzP 491977. Verfahren zur Herstellung von faserbildenden Polyamiden oder Copolyamiden. Erf.: *Harold George Burrows* u. *Stephan John Hepworth.* Inh.: Imperial Chemical Industries Ltd., London (GB). A. 22. 2. 67. Int. Kl.: C 08g 20/02. A.-Z.: 2579/67. Prior.: 22. 2. 66, 24. 3. 66 u. 10. 1. 67 (GB; A.-Z.: 7719/66 u. 13074/66, A.-Z.: 7719/66 entspr. GBP 1113824). Entspr. FrP 1512186.

FrP 1590082. Verfahren zur Herstellung von Diamino-1,5-dimethyl-2,2-pentan und sich daraus ableitende Polyamide. Erf.: *J.-C. Mileo, B. Sillion* u. *G. Gaudemaris.* Inh.: Institut Francais du Pétrole, des Carburants et Lubrifiants. A. 12. 1. 68, B. 22. 5. 70. Int. Kl.: C 08g 20/00. A.-Z.: 135931.

USP 3502624. Herstellung von Diamin/Dicarbonsäure-Salzen für Polycarbonsäureamide. Erf.: *Carl Bruno Flack* u. *Robert Howard Weir.* Inh.: E. I. du Pont de Nemours & Co., Wilmington, Del. A. 4. 4. 66, B. 24. 3. 70. Kl.: 260-78, Int. Kl.: C 09k /300 u. C 08g 20/20. 3 Anspr. A.-Z.: 539983. Entspr. FrP 1517499 u. GBP 1125370.

GBP 1185418. Herstellung von Polyurethanlösungen und von geformten Gegenständen daraus. Inh.: Kalle AG. A. 9. 10. 68, B. 25. 3. 70. Kl.: C3.R, Int. Kl.: C 08g 22/04. A.-Z.: 47858/68. Prior.: 10. 10. 67 (DB; A.-Z.: P 1694544).

GBP 1189997. Polyätherurethane. Inh.: Pfizer Ltd. A. 28. 9. 66, B. 29. 4. 70. Kl.: C3.R, Int. Kl.: C 08g 22/06. A.-Z.: 43233/66. Entspr. FrP 1538174.

JaP 7003798-R. Grötenteils lineares Polyurethan-Elastomeres zum Spinnen. Inh.: Asahi Chem. Ind. Co. Ltd. A. 8. 12. 65, B. 7. 2. 70. A.-Z.: 74980/65.

SzP 491981. Verfahren zur Herstellung von linearen aromatischen Polyäthersulfonen. Erf.: *Josef Studinka* u. *Rudolf Gabler.* Inh.: Inventa AG für Forschung und Patentverwertung, Zürich (Sz). A. 11. 7. 67. Int. Kl.: C 08g 23/20. A.-Z.: 9885/67.

JaP 7005527-R. Durch Zusatz und Zumischen von Trialkylphosphit stabilisiertes Polyisocyanat. Inh.: Takeda Chemical Ind. Ltd. A. 28. 1. 64, B. 25. 2. 70. A.-Z.: 56163/64.

SzP 491164. Stabilisierte Formmasse auf Basis eines Polyesters. Erf.: *Kurt Werner Leu* u. *Josephus Hubertus van Deursen.* Inh.: Shell Internationale Research Maatschappij (Nd). A. 23. 5. 67. Int. Kl.: C 08g 51/58, 39/00. A.-Z.: 7193/67. Prior.: 25. 5. 66 (Nd; A.-Z.: 6607189). Entspr. FrP 1523848 u. GBP 1161932.

SzP 491992. Stabilisiertes chlorhaltiges Polymerisat. Erf.: *Wolfgang Lehmann* u. *Wilhelm Göbel.* Inh.: Farbenfabriken Bayer AG, Leverkusen (DB). A. 17. 7. 67. Int. Kl.: C 08k 1/40 u. C 08f 45/60. A.-Z.: 10171/67.

Section D, Textilien und biegsame Werkstoffe, soweit nicht anderweitig vorgesehen

Klasse D 01, Natürliche und künstliche Fäden und Fasern; Spinnen

Klasse D 01b, Mechanische Behandlung von natürlichen faserigen oder fadenförmigen Stoffen zur Gewinnung von Fasern oder Fäden, z. B. zum Verspinnen

SUP 239495 (Urheberschein). Schlagmaschine. Erf.: *K. V. Semenovič, A. D. Staševskij, V. P. Kuznecov, A. E. Ivanova, I. Ja. Lipker, A. A. Arno* u. *G. S. Chochlov.* Inh.: Central'nyj naučno-issledovatelsskij Institut promyšlennosti lubjanych volokon. A. 10. 2. 66, B. 18. 3. 69. Kl.: 29a, 2/03. A.-Z.: 1054242/28 – 12.

SUP 240906 (Urheberschein). Aerodynamisches Verfahren zur Faserstoffreinigung. Erf.: *V. I. Budnikov* u. *Ch. A. Karimov.* A. 18. 10. 63, B. 1. 4. 69. Kl.: 29a. 1 (76b, 2/01). A.-Z.: 861608/28 – 12.

SUP 267679 (Urheberschein). Vorrichtung zum Vermischen von Bastrohkulturen bei der Behandlung im Fließverfahren. Erf.: *A. B. Novikov, A. V. Memeškin, Ja. S. Klejman, M. I. Gitel'macher, S. U. Usmanov* u. *T. S. Chalikov.* Anm.: Gosudarstvennoe special'noe konstruktorsko Bjuro po chlopkoočistke. A. 21. 7. 67, B. 20. 11. 69. Kl.: 29a, 2/03. A.-Z.: 1176311/28 – 12.

USP 3501811 Zus. z. Pat. m. A.-Z.: 382263. A. 13. 7. 64. Endlose Bahnen aus Fäden. Erf.: *George A. Waton.* Inh.: Celanese Corp., New York, N. Y. A. 3. 7. 67, B. 24. 3. 70. Kl.: 19-65, Int. Kl.: D 01b 3/04 u. D 02g 3/00. 8 Anspr. A.-Z.: 650796.

Klasse D 01c, Chemische Behandlung von natürlichen fadenförmigen oder faserigen Stoffen zur Gewinnung von Fäden oder Fasern zum Verspinnen; Karbonisieren von Lumpen zur Rückgewinnung tierischer Fasern

GBP 1188843. Gewebe aus polyfilen Seiden sowie Verfahren und Vorrichtung zur Herstellung solcher Seiden. Inh.: Algemene Kunstzijde Unie N. V. A. 11. 8. 67, B. 22. 4. 70. Kl.: B5.B, Int. Kl.: D 01d 3/00. A.-Z.: 36943/67. Prior.: 8. 9. 66 (Nd; A.-Z.: 6612628). Entspr. USP 3447308.

ČSP 135716. Spinndüse zur Vereinigung unterschiedlicher Polymerer. Erf.: *Oldřich Meduna.* A. 10. 7. 67, B. 31. 8. 69. Kl.: 29a, 6/31. A.-Z.: 5032 – 67.

Klasse D 01d, Mechanische Verfahren und Vorrichtungen für die Herstellung von künstlichen Fäden, Gespinsten, Fasern, Borsten oder Bändern

USP 3500498. Verfahren zur Herstellung von Bikomponentenfaserstoffen vom Mantel/Kern-Typ. Erf.: *Noboru Fukuma, Hiroshi Chayamichi, Toshio Okamoto* u. *Hiroshi Henmi.* Inh.: Asahi Chemical Industry Co. Ltd., Osaka (Ja). A. 26. 5. 67, B. 17. 3. 70. Kl.: 18-8, Int. Kl.: D 01d 3/00.

DDP 72345. Vorrichtung zum Warm- und Kaltverstrecken von Endlosfäden aus synthetischem Material. Erf. u. Inh.: *Werner Winkler* u. *Rudolf Bräuer.* A. 5. 5. 69, B. 12. 4. 70. Kl.: 29a, 6/07. A.-Z.: WP 29a/139592.

FrP 2015383. Verfahren und Vorrichtung zur Herstellung von Fäden durch Erspinnen im geschmolzenen Zustand sowie danach erhaltene neue Produkte. Erf.: *C. S. Hatcher* u. *C. H. Teague.* Inh.: Phillips Petroleum Co. A. 8. 8. 69, B. 12. 6. 70. Int. Kl. D 01d 5/00. A.-Z.: 6927398. Prior.: 9. 8. 68 (US; A.-Z.: 751459).

GBP 1190639. Fadenmaterialien und Faserprodukte. Inh.: Celanese Corp. A. 29. 9. 67, B. 6. 5. 70. Kl.: B5.B, Int. Kl.: D 01d 5/00. A.-Z.: 44393/67.

JaP 7005042-R. Spinnen eines Fadens hoher Symmetrie mit latenter Kräuselung. Inh.: Mitsubishi Rayon Co. Ltd. A. 2. 10. 64, B. 20. 2. 70. A.-Z.: 56370/64.

JaP 7007012-R. Naßspinnen von PVA-Fäden, die stärker als 8 den sind. Inh.: Nichibo Co. Ltd. A. 30. 8. 65, B. 10. 3. 70. A.-Z.: 53277/65.

USP 3501560. Verfahren und Vorrichtung zur Herstellung von Faserstoffen aus geschmolzenen Metallen oder Keramik. Erf.: *Maurice A. H. Howes* u. *Harry Schwartzbart.* Inh.: IIT Research Institute, Chicago, Ill. A. 27. 9. 67, B. 17. 3. 70. Kl.: 264-85, Int. Kl.: D 01d 5/08 u. B 28b 3/20. 17 Anspr. A.-Z.: 675741.

USP 3502756 Zus. z. Pat. m. A.-Z.: 519299. A. 7. 1. 66. Trockenspinnverfahren für Polybenzimidazole. Erf.: *Thomas C. Bohrer* u. *Arnold J. Rosenthal.* Inh.: Celanese Corp., New York, N. Y. A. 17. 3. 69, B. 24. 3. 70. Kl.: 264-85, Int. Kl.: D 01d 5/04 u. D 01f 7/00. 15 Anspr. A.-Z.: 807927.

GBP 1189917. Spinnspulvorrichtung. Inh.: Barmag Barmer Maschinenfabrik AG. A. 11. 7. 68, B. 29. 4. 70. Kl.: B5.B, Int. Kl.: D 01d 9/08. A.-Z.: 33090/68. Prior.: 12. 7. 67 u. 23. 12. 67 (DB; A.-Z.: B 71781 u. B 73963). Entspr. FrP 1571981.

Klasse D 01f, Chemische Gesichtspunkte bei der Herstellung von künstlichen Fäden, Gespinsten, Fasern, Borsten oder Bändern

DOS 1926506. Verfahren zur Herstellung eines Viskoserayons von hohem Naßmodul. Erf.: *Tadao Sasakura* u. *Mikiharu Yajima.* Anm.: Nitto Boseki Co. Ltd., Fukushima (Ja). A. 23. 5. 69, O. 2. 1. 70. Kl.: 29b, 3/20. A.-Z.: P 1926506. Prior.: 23. 5. 68 (Ja; A.-Z.: 34344/68).

PoP 60191. Verfahren zur Erzeugung gekräuselter Viskosestapelfasern und Anlage zur Anwendung dieses Verfahrens. Erf.: *Stanislaw Drzewiński, Miroslaw Looze, Stefan Janusiak* u. *Lucjan Flaczyński.* Inh.: Zaklady Wlókien Sztucznych „Anilina", Lódź (Po). A. 24. 12. 66. Kl.: 29b, 3/20. A.-Z.: 118163.

SUP 268590 (Urheberschein). Vefrahren zur Herstellung von Faserstoffen auf der Basis von Celluloseacetat. Erf.: *A. I. Pirverdjan, K. L. Chudojan, V. Ch. Azerjan, A. M. Sarkisjan, D. E. Markosjan* u. *L. S. Grigorjan.* A. 9. 9. 68, B. 10. 4. 70. Kl.: 29b, 3/30. A.-Z.: 1270900/23 – 5.

DOS 1494612. Verfahren zur Herstellung vernetzter gummielastischer Fäden und Fasern. Erf.: *Horst Wieden, Wolfgang Rellensmann, Günther Nischk* u. *Dietc rDietrich.* Anm.: Farbenfabriken Bayer AG, 5090 Leverkusen. A. 15. 6. 65, O. 29. 1. 70. Kl.: 29b, 3/60. A.-Z.: P 1494612 (F 46338). Entspr. FrP 1483430 u. GBP 1150634.

DOS 1923270. Verfahren zur Herstellung von Verbundfäden vom Acrylnitril-Typ. Erf.: *Makoto Fujii.* Anm.: Asahi Kasei Kogyo Kabushiki Kaisha, Osaka (Ja). A. 7. 5. 69, O. 2. 1. 70. Kl.: 29b, 3/60. A.-Z.: P 1923270. Prior.: 8. 5. 68 (Ja; A.-Z.: 30246/68). Entspr. FrP 2008051.

SzP 491211. Polyäthylenterephthalat. Erf.: *Gerard Barbe.* Inh.: Société Rhodiaceta, Paris (Fr). A. 14. 6. 68, Int. Kl.: D 01f 7/04. A.-Z.: 8824/68. Prior.: 16. 6. 67 (Fr; A.-Z.: 110782). Entspr. DDP 69175, DDP 69877, SzP 478257 u. GBP 1189393.

FrP 2014506. Fäden auf Basis synthetischer Hochpolymerer und ihr Herstellungsverfahren. Erf.: *B. Beghelli* u. *P. Camprincoli.* Inh.: Montecatini Edison S. p. A. A. 3. 7. 69, B. 5. 6. 70. Int. Kl.: D 01f 7/00, C 08f 29/00. A.-Z.: 6922565. Prior.: 4. 7. 68 (It; A.-Z.: 18563 A/68).

GBP 1189984. Modifizierte Polyacrylnitrilfaserstoffe. Inh.: Courtaulds Ltd. A. 1. 8. 66, B. 29. 4. 70. Kl.: B5.B, Int. Kl.: D 01f 7/06. A.-Z.: 34357/66. Entspr. FrP 1533056.

JaP 7003943-R. Koagulierlösungen für fadenbildendes Polyamid aus hauptsächlich β-Alaninpolymerem. Inh.: Asahi Chem. Co. Ltd. A. 7. 12. 66, B. 10. 2. 70. A.-Z.: 79792/66.

JaP 7006552-R. Poly-β-alaninspinnlösung durch H-Übertragungspolymerisation von Acrylamid in DMSO und/oder Hexamethylphosphamid. Inh.: Asahi Chem. Ind. Co. Ltd. A. 29. 11. 66, B. 5. 3. 70. A.-Z.: 77732/66.

ČSP 135647. Hilfsmittel zur Veredlung von synthetischen Polyamidfäden. Erf.: *Josef Váhala, Ján Jozefček* u. *Jiři Sponar.* A. 7. 12. 66, B. 31. 8. 69. Kl.: 29b, 5/04. A.-Z.: 7776 – 66.

ČSP 135648. Hilfsmittel zur Veredlung von synthetischen Polyamidfäden. Erf.: *Josef Váhala, Ján Jozefček* u. *Jiři Sponar.* A. 7. 12. 66, B. 31. 8. 69. Kl.: 29b, 5/04. A.-Z.: 7777 – 66.

DOS 1933386. Verfahren zur Herstellung von elastischen Fäden. Erf.: *Robert William Cairns.* Anm.: Hercules Inc., Wilmington, Del. (US). A. 1. 7. 69, O. 15. 1. 70. Kl.: 29b, 3/70. A.-Z.: P 1933386. Prior.: 1. 7. 68. (US; A.-Z.: 741536). Entspr. FrP 2012128.

Klasse D 21, Papierherstellung; Gewinnung von Cellulose bzw. Zellstoff

Klasse D 21c, Gewinnung von Cellulose durch Abscheiden nichtcelluloseartiger Substanzen von cellulosehaltigen Stoffen; Wiedergewinnung der Zellstoffablaugen: Vorrichtungen dafür

ČSP 136982. Verfahren zur Herstellung von Zellstoff nach dem Sulfatverfahren mit Vorhydrolyse. Erf.: *Jozef Dandár* u. *Harold Roth.* A. 11. 3. 67, B. 25. 11. 69. Kl.: 55b, 3/30, Int. Kl.: D 21c. A.-Z.: 1787/67.

USP 3503846. Vorrichtung zum Bleichen von Holzzellstoff. Erf.: *Franco Nardi.* Inh.: S.A.I.C.I. Società Agricola Industrale per la Cellulosa Italiana S. p. A., Mailand (It). A. 25. 7. 66, B. 31. 3. 70. Kl.: 162-236, Int. Kl.: D 21c 7/00. 6 Anspr. A.-Z.: 567561. Prior.: 25. 10. 65 (It; A.-Z.: 23815/65). Entspr. FrP 1498761.

SUP 268889 (Urheberschein). Verfahren zur Regenerierung der Ablaugen aus der Sulfitzellstoffherstellung. Erf.: *A. S. Kasner.* A. 20. 11. 67, B. 10. 4. 70. Kl.: 55b, 3/30. A.-Z.: 1199163/23 – 4.

Section G

PHYSIK

Klasse G 01, Messen

Klasse G 01n, Prüfen von chemischen und/oder physikalischen Eigenschaften von Stoffen einschließlich Laboratoriumsgeräte

DDP 72401. Meßkammer zur Bestimmung der Bauschkraft von Fasern und Fäden unter Verwendung von lamellenförmig ineinandergreifenden Zugorganen. Erf. u. Inh.: *Karlheinz Geitel* u. *Hans Keilhauer.* A. 20. 12. 68, B. 12. 4. 70. Kl.: 42k, 50. A.-Z.: WP 42k/136864.

SUP 268730 (Urheberschein). Gerät zum Messen der Kettenzuführung an der Kettwirkmaschine. Erf.: *V. m. Radzievskij, V. M. Bondar', V. A. Polonskij* u. *A. N. Sandurskij.* Anm.: Kievskij technologičeskij Institut legkoj Promyšlennosti. A. 11. 1. 67, B. 10. 4. 70. Kl.: 42k, 50 (25a, 25/01). A.-Z.: 1125772/28 – 12.

Literaturschau

Auszug aus Lieferung 23 und 24/1970 der Literaturschau „Faserstoffe und Textiltechnik", zusammengestellt von der Abteilung Wissenschaftliches Berichtswesen des Instituts für Faserstoff-Forschung der DAW, 153 Teltow-Seehof, Kantstr. 55

I. Wissenschaftliche Grundlagen

Allgemeines

(Untersuchungsmethoden u. a.)

Pope, P. T.: Betrachtungen zur stufenweisen Regressionsanalyse. IEC. Ind. engng. Chem. **62** (1970) 7. S. 35 – 36.

Neue thermogravimetrische Analysengeräte. J. thermal Analysis, Budapest/London **2** (1970) 2, S. 209 – 214 (dt.).

Pikaev, A. K.: Über den gegenwärtigen Stand des Problems der primären strahlungsinduzierten Prozesse in der Chemie (Internationale Konferenz in Argentinien). Vestnik Akad. Nauk SSSR, Moskva (Mitt. Akad. Wiss. UdSSR) **40** (1970) 8, S. 97 – 102.

Physik und Chemie der Hochpolymeren

Statistische Betrachtung von alternierenden Copolymeren. Makromol. Chemie **138** (1970) S. 299 – 303 (engl.).

Kuličichin, V. G., Kiperšlak, E. Z., Malkin, A. Ja.: Rheologische Eigenschaften der Viskose. Chim. Volokna (Chem. Fasern) (1970) 5, S. 1 – 8.

Petropavlovskij, G. A., Brestkin, Ju. V.: Über die rheologischen Eigenschaften von Nitrocelluloselösungen. Ž. prikl. Chimii (Z. angew. Chemie) **43** (1970) 9, S. 2078 – 2082.

Manin, V. N.: Über den Mechanismus der aktivierten Diffusion niedermolekularer Substanzen in elastisch verformten Polymerkörpern. Dokl. Akad. Nauk SSSR (Ber. Akad. Wiss. UdSSR) **194** (1970) 6, S. 1361 bis 1364.

Rožanskaja, T. I., Danilova, M. Ja., Rostovskij, E. N., Samsonov, G. V.: Untersuchung der Quellung, der Durchlässigkeit und des effektiven Porenradius von Polyvinyl-Membranen. Ž. prikl. Chimii (Z. angew. Chemie) **43** (1970) 9, S. 2034 – 2038.

Nagai, K.: Strömungsdoppelbrechung von realen Polymerketten. Theorie. Anwendung auf n-Alkane. J. physic. Chem. **74** (1970) 18, S. 3411 – 3422, 3422 – 3428.

Subbotina, L. N., Modjanova, L. V.: Quantitative Bestimmungsmethode mineralischer Fremdstoffe im Polycaprolactam auf spektralem Wege. Chim. Volokna (Chem. Fasern) (1970) 5, S. 68–69.

Gal'perin, E. L., Mindrul, V, F., Smirnov, V. K.: Elektronenmikroskopische und elektronographische Untersuchung der Verformung von dünnen sphärolithischen Polyvinylidenfluoridfilmen. Vysokomol. Soed. (Hochmol. Verbind.) Serie A **12** (1970) 9, S. 1949–1957.

Shimada, S., Kashiwabara, H., Sohma, J.: Elektronenspinresonanzuntersuchung des photochemischen Abbaues von Polyäthylen mit eingefangenen Allyl-Freiradikalen. J. Polymer Sci., A-2: Polymer Physics 8 (1970) 8, S. 1291–1302.

Fakirov, S., Simov, D., Baldjieva, R., Michailov, M.: Untersuchung über Strukturen der Salze der ataktischen Polymethacrylsäure. Makromol. Chemie **138** (1970) S. 27–36.

Pšedeckaja, V. K., Geller, B. E., Zakirov, I. Z., Chomenko, R. I.: Einfluß der Lösungsmittelnatur auf die strukturmechanischen Eigenschaften von Acetatfäden. Chim Volokna (Chem. Fasern) (1970) 5, S. 44–46.

Jayme, G., Roffael, E.: Über eine neue Methode zur Charakterisierung der Feinstruktur der Cellulose mit Hilfe von WRV-Kurven. Papier **24** (1970) 10, S. 614–618.

McGraw, G. E.: Untersuchung der Molekülorientierung von Polyäthylenterephthalatfaserstoff durch Fluoreszenzpolarisation. J. Polymer Sci., A-2: Polymer Physics 8 (1970) 8, S. 1323–1336.

Gerasimov, V. I., Cvankin, D. Ja.: Strukturveränderungen bei der einachsigen Kompression von Polyäthylen. Vysokomol. Soed. (Hochmol. Verbind.) Serie A **12** (1970) 9, S. 2136–2144.

Fomina, L. L., Michal'ceva, T. V.: Über die Strukturveränderungen während der thermischen Alterung von Poly-ε-caproamid. Plast. Massy, Moskva (Plast. Massen) (1970) 9, S. 55–57.

Fajnštejn, E. B., Kazarjan, L. G., Igonin, L. A.: Über die unter Hochdruckeinwirkung auf Polyäthylenterephthalat entstehenden Orientierungseffekte und ihren Einfluß auf seine dielektrischen Relaxationseigenschaften. Vysokomol. Soed. (Hochmol. Verbind.) Serie A **12** (1970) 10, S. 2344–2350.

Rabinovič, I. B., Martynenko, L. Ja., Ovčinnikov, Ju. V.: Kristallisation des „ungebundenen" Anteils des Weichmachers im plastifizierten Polymeren. Vysokomol. Soed. (Hochmol. Verbind.) Serie B: Kratkie Soobšč. (Kurzmitt.) 12 (1970) 9, S. 696–698.

Men'šov, V. M.: Konfigurationsstatistik von Polyarylatketten. Polyarylate auf der Basis von Sebacinsäure und Bisphenolen. Vysokomol. Soed. (Hochmol. Verbind.) Serie A **12** (1970) 9, S. 2036–2041.

Romanov, A., Marcinčin, K.: Molekülbewegung in chlorierten Äthylen/Propylen-Copolymeren. Polymer, London **11** (1970) 6, S. 290–296.

Majerus, John N.: Einfluß der Torsionssteifheit vom Temperaturverhalten einer Polymerkette. J. Polymer Sci., A-1: Polymer Chem. 8 (1970) 7, S. 1737–1776.

Mrozowski, M., Lewaszkiewicz, W.: Einfluß der thermischen Behandlung auf die kristalline Struktur von Terylene. Teil II. Polimery, Warszawa **15** (1970) 6, S. 290–294.

Lewis, G., Johnson, A. F.: Deutung der Verdünnungswärme von Polymerlösungen. Polymer, London **11** (1970) 6, S. 336–338.

Smith, R. P.: Zustandsgleichung und thermodynamische Eigenschaften von flüssigen Polymeren: Anwendung des Hirai/Eyring-Modells. J. Polymer Sci., A-2: Polymer Physics 8 (1970) 8, S. 1337–1360.

Atovmjan, E. G., Arutjunjan, E. S., Lukovnikov, A. F.: Hemmende Wirkung von KOH auf den thermooxydativen Abbau von Polyoxymethylenen. Vysokomol. Soed. (Hochmol. Verbind.) Serie B: Kratkie Soobšč. (Kurzmitt.) **12** (1970) 9, S. 675–678.

Kolnibolotčuk, N. K., Klenin, V. I., Frenkel', S. Ja.: Über die Besonderheiten des hydrodynamischen Verhaltens von bei hohen Temperaturen thermisch behandelten wäßrigen Polyvinylalkohollösungen. Vysokomol. Soed. (Hochmol. Verbind.) Serie A **12** (1970) 10, S. 2257–2262.

Kudrjavcev, G. I., Balaklejceva, L. F., Ščetinin, A. M., Čikurina, L. V.: Zur Frage der thermischen Beständigkeit von aromatischen Polyamiden und Polyimiden. Vysokomol. Soed. (Hochmol. Verbind.) Serie A 12 (1970) 10, S. 2205–2210.

Antipova, V. F., Marej, A. I., Apuchtina, N. P., Možžuchina, L. V., Melamed V. I.: Einfluß der Natur des Diisocyanats auf die thermooxydative Beständigkeit von Polyesterurethanen. Vysokomol. Soed. (Hochmol. Verbind.) Serie A **12** (1970) 10, S. 2242–2246.

Magrupov, M. A., Gafurov, Ch. M., Mazikina, A. V.: Elektroleitfähigkeit von mit Nickelnitrat gefülltem thermisch behandeltem Polyacrylnitril. Vysokomol. Soed. (Hochmol. Verbind.) Serie B: Kratkie Soobšč. (Kurzmitt.) **12** (1970) 9, S. 664–666.

Hansen, Ch. M.: Polymerbeschichtungen. Vorstellungen über Lösungsmittelverdunstungserscheinungen. IEC. Ind. engng. Chem./Product R & D **9** (1970) 3, S. 282–286.

Bekturov, E. A., Bimendina, L. A., Bereza, S. V.: Untersuchung der Eigenschaften der Lösungen von statistischem Monobutylitaconat/Dibutylitaconat-Copolymerem in selektiven Lösungsmitteln bzw. ihren Gemischen. Vysokomol. Soed. (Hochmol. Verbind.) Serie A **12** (1970) 10, S. 2179 bis 2184.

Andrianova, G. P., Nguen Vin'-Čij, Kargin, V. A.: Analyse der bei der Verformung von Polypropylen bei tiefen Temperaturen entstehenden Spannungen. Vysokomol. Soed. (Hochmol.Verbind.) Serie A **12** (1970) 9, S. 2069–2076.

Cooper, A. R., Bruzzone, A. R., Johnson, J. F.: Osmotische und gelchromatographische Untersuchung eines anionisch polymerisierten Polystyrols. Makromol. Chemie **138** (1970) S. 279–281 (engl.).

Michajlov, V. V., Kochanov, Ju. V., Kazarjan, K. S., Matveeva, E. N., Kozodoj, A. A.: Dialkyldithiophosphate von Metallen als Stabilisatoren für Polymerstoffe. Plast. Massy, Moskva (Plast. Massen) (1970) 9, S. 23–24.

Egidis, F. M., Maslova, I. P.: Technische Stabilisatoren für Polymere auf der Basis von Alkylphenolen. Chim. Prom. (Chem. Ind.) (1970) 8, S. 3(563)–7(567).

Jakubovič, A. Ja., Jakubovič, V. S., Braz, G. I.: Polybenzoxazole – neue thermisch beständige film- und fadenbildende Polymere. Plast. Massy, Moskva (Plast. Massen) (1970) 9, S. 17–19.

Kovalenko, G. F., Lipatov, Ju. S., Sergeeva, L. M.: Sorption von Dämpfen durch lineare kristallisierbare Polyurethane. Vysokomol. Soed. (Hochmol. Verbind.) Serie B: Kratkie Soobšč. (Kurzmitt.) **12** (1970) 10, S. 762–764.

Grušnikov, O. P., Šorygina, H. H.: Derzeitiger Stand des Problems der Lignin/Kohlenhydrat-Bindungen in pflanzlichen Geweben. Usp. Chimii (Fortschr. d. Chemie) **39** (1970) 8, S. 1459–1478.

Physik und Chemie der Monomeren und Oligomeren

Markuzin, N. P.: Über die Veränderung des Partialdruckes von Monomeren und Assoziaten bei einer Veränderung der Temperatur des gesättigten Einkomponentendampfes. Ž. fizič. Chimii (Z. physik. Chemie) **44** (1970) 10, S. 2609–2611.

Polyamid 12: Monomeres von Mitsubishi. Chem. engng. News **48** (1970) 36, S. 12–13.

Dolinski, R. J., Nowak, R. M., Rubens, L. C.: Eigenschaften von Monochlorstyrol als Vinylmonomeres. IEC. Ind. engng. Chem./Product R & D **9** (1970) 3, S. 292–296.

McClure, J. D.: Mit Triarylphosphin katalysierte Dimerisierung von Acrylnitril und verwandte Reaktionen. J. org. Chem., Easton **35** (1970) 9, S. 3045–3048.

Polymerisation

Izu, M., O'Driscoll, K. F.: Copolymerisation mit Abbau. IV. Computer-Simulation einer Copolymerisation mit Reversibilität. V. Copolymerisation von α-Methylstyrol und Methylmethacrylat zwischen deren Schwellentemperatur (Ceiling temperature). J. Polymer Sci., A-1: Polymer Chem. 8 (1970) 7, S. 1675–1685; 1687–1691.

Ito, K.: Abbruchgeschwindigkeitskonstanten bei der Radikalpolymerisation. J. Polymer Sci., A-1: Polymer Chem. 8 (1970) 7, S. 1823–1830.

Sokolov, L. B., Šarikov, Ju. V., Kotlova, R. P.: Relative Molekülmasse von Polymeren bei irreversiblen Polykondensationsvorgängen. Vysokomol. Soed. (Hochmol. Verbind.) Serie A **12** (1970) 9, S. 1934–1942.

Hoyland, J. R.: Untersuchung der Reaktivitätsverhältnisse der Monomeren. III. Vergleich verschiedener mathematischer Modelle. J. Polymer Sci., A-1: Polymer Chem. 8 (1970) 7, S. 1863–1869.

Nakaniwa, M., Kameoka, I., Ozaki, K., Furukawa, J.: Asymmetrischselektive Polymerisation von DL-Propylenoxid durch das System (+)(2-Methylbutyl)zink/Wasser. Makromol. Chemie **138** (1970) S. 209–214 (engl.).

Turska, E., Dems, A.: Einfluß der Parameter des Lösungs/Ausfällungs-Polykondensationsvorganges auf die Kriterien des Reaktionsproduktes. Polimery, Warszawa **15** (1970) 8, S. 432–434. (engl.

Veličkova, R., Panajotov, I. M. (Schreibw. i. Orig.: *Velichkova, R., Panayotov, I. M.*): Konduktometrische Untersuchung des Katalysatorsystems aus Borfluorid/Ätherat und π-Elektronenakzeptoren. Makromol. Chemie **138** (1970) S. 171–178 (franz.).

Koršak, V. V., Rusanov, A. L.: Über die Umsetzung polyfunktioneller aromatischer Nucleophile mit Derivaten aromatischer Polycarbonsäuren. Polimery, Warszawa **15** (1970) 8, S. 400–403 (russ.).

Turska, E., Dems, A.: Kinetische Untersuchung der Bildung von Polycarbonaten auf der Basis von Bisphenol A und seines bis-(Chlorformiates) in Lösung. Polimery, Warszawa **15** (1970) 8, S. 425–427 (engl.).

Fedorov, A. A., Savinov, V. M., Sokolov, L. B.: Synthese von hochmolekularen Polyterephthalamiden durch Polykondensation in Amid/Salz-Systemen. Vysokomol. Soed. (Hochmol. Verbind.) Serie A **12** (1970) 10, S. 2185–2198.

Künzel, H.-E., Bentz, F., Wolf, G. D., Blankenstein, G., Nischk, G.: Aromatische Polyamide mit heterocyclischen Ringsystemen. II. Makromol. Chemie **138** (1970) S. 223–250.

Preston, J., Smith, R. W.: Poly(4,4'-dipiperidyl)amide. J. Polymer Sci., A-1: Polymer Chem. 8 (1970) 7, S. 1841–1850.

Mortillaro, L., Russo, M., Guidotti, V., Credali, L.: Polyamide aus ungesättigten Säuren. II. Polyfumaramide aus Piperazinen. Makromol. Chemie **138** (1970) S. 151–161 (engl.).

Žubanov, B. A., Rafikov, S. R., Pivovarova, L. V., Kim, L. V., Ruchina, L. B.: Untersuchung der Polyamidierungskinetik in der Schmelze. Vysokomol. Soed. (Hochmol. Verbind.) Serie A **12** (1970) 10, S. 2326 bis 2331.

Tojarev, A. V., Čikurina, L. V., Kudrjavcev, G. I., Smirnova, A. I., Litovčenko, G. D.: Synthese fadenbildender aromatischer Polyimide mit Oxadiazolringen in der Kette. Chim. Volokna (Chem. Fasern) (1970) 5, S. 20–22.

Vinogradova, S. V., Vygodskij, Ja. S., Koršak, V. V.: Über einige Gesetzmäßigkeiten der Herstellungsreaktion von Polyimiden durch einstufige Hochtemperatur-Polycyclisierung. Vysokomol. Soed. (Hochmol. Verbind.) Serie A **12** (1970) 9, S. 1987–1993.

Ivanova, L. V., Moiseev, Ju. V., Zaikov, G. E., Ivanov, V. V.: Abbau von Polyacetalen in sauren Medien. Mitt. 1. Hydrolyse von Methylal in wäßrigen schwefelsauren Lösungen. Izv. Akad. Nauk SSSR, Serija chim. (Nachr. Akad. Wiss. UdSSR, Chemie) (1970) 10, S. 2236–2239.

Higgins, J. P., Weale, K. E.: Einfluß von hohem Druck auf die Copolymerisation von Acrylsäureanhydrid. J. Polymer Sci., A-1: Polymer Chem. 8 (1970) 7, S. 1705–1711.

Gorlov, E., Alanija, V.: Copolymerisation von Acrylnitril mit 1-Nitropropylen-1. Chim. Volokna (Chem. Fasern) (1970) 5, S. 74–75.

Ageev, A. I., Ezrielev, A. I., Mazo, L. D., Roskin, E. S.: Über die Copolymerisationskonstanten von Acrylnitril und einigen Salzen von Allyl- und Methallylaminen. Vysokomol. Soed. (Hochmol. Verbind.) Serie A **12** (1970) 9, S. 1983–1986.

Rostovceva, S. A.: Relative Aktivitäten von Acrylnitril und ungesättigten Carbonsäurechloriden bei ihrer Copolymerisation. Vysokomol. Soed. (Hochmol. Verbind. Serie B: Kratkie Soobšč. (Kurzmitt.) **12** (1970) 8, S. 588–591.

Brzozowski, Z.: Neue makromolekulare Verbindungen auf der Basis von chlorierten Bisphenolen. Polimery, Warszawa **15** (1970) 8, S. 393–396.

Gorzny, K.: Der Einfluß von Additiven auf die strahlenchemisch ausgelöste Polymerisation von Styrol in Gegenwart von CCl_4 bzw. Hexachlorbutadien. Makromol. Chemie **138** (1970) S. 251–264.

Maekawa, T., Matsuio. M., Yoshida, H., Hayashi K., Okamura, S.: Radiochemische Aktivierungsanalyse von Polymerisationsreaktionen. 1. Lösungspolymerisation von Styrol durch Katalyse mit Radikalen. 2. Initiationsmechanismus bei der strahlungschemisch ausgelösten Polymerisation von Styrol. Polymer, London **11** (1970) 7, S. 342–350, 351–358.

Osborne, F. T., Omi, S., Stanett, V., Stahel, E. P.: Strahlungsinduzierte Lösungspolymerisation von Styrol in einem technischen Fließsystem. J. Polymer Sci., A-1: Polymer Chem. 8 (1970) 7, S. 1657–1674.

Enomoto, G., Ogo, Y., Imoto, T.: Hochdruck-Copolymerisation von Styrol mit Maleinsäureanhydrid. Makromol. Chemie **138** (1970) S. 19–25 (engl.).

Sonderfragen

Sabinin, V. E., Kija-Oglu, N. V., Goričnina, V. P.: Gegenseitige Löslichkeit in Systemen: Wasser/Methylenchlorid/Essigsäure; Wasser/Methylenchlorid/Propionsäure; Wasser/Methylenchlorid-Buttersäure. Ž. prikl. Chimii (Z. angew. Chemie) **43** (1970) 8, S. 1776–1779.

II. Faserstoffe. Ausgangsstoffe usw.

„Naturseide" in den 70er Jahren. Chinon – Protein/Acrylnitril-Copolymerfaser. Japan Textile News (1970) 182, S. 118–120.
„Naturseide" in den 70er Jahren. Cashmilonseide – Acrylfaser. Japan Textile News (1970) 182, S. 116–117.
Murakami, T.: „Naturseide" in den 70er Jahren. A-Tell – Polyäthylenoxybenzoatfaser. Japan Textile News (1970) 182, S. 113–115, 120.
Lünenschloß, J., Rottmayr, H.: Mischungseffekte verschiedener Mischverfahren bei PES und gekämmter Baumwolle. Textil-Praxis **25** (1970) 10, S. 591–594.

Naturfaserstoffe

Pflanzliche Faserstoffe

Franke, P. R.: Um 300 n. Chr.: Baumwollstoffe im Saarland. Textilindustrie, Mönchengladbach **72** (1970) 10, S. 749–750.

Tierische Faserstoffe

Miró, P., García-Domínguez, J. J.: Neue Reaktionen von mit Alkalien behandelter Wolle. Galaxia, Buenos Aires (1970) 32, S. 15–35.

Chemiefaserstoffe

Kostadinova, A.: Entwicklung der Produktion von Chemiefaserstoffen in Bulgarien. Chim. Volokna (Chem. Fasern) (1970) 5, S. 76–77.

Cellulose und Zellstoff

Hansson, J.-A., Hartler, N.: Alkalischer Abbau von Kiefern-Glucomannan. Holzforsch. **24** (1970) 2, S. 54–59 (engl.).
Doucet, J., Robert, A.: Verwendung von Dimethylsulfoxid zur Entlignifizierung von Birkenholz. I. Behandlungsbedingungen und Untersuchung der erhaltenen Zellstoffe. Holzforsch. **24** (1970) 5, S. 163–168 (franz.).
Sarkov, V. I., Kujbina, N. I., Solov'eva, Ju. P.: Untersuchung des Glucomannans aus Espenholz. Ž. prikl. Chimii (Z. angew. Chemie) **43** (1970) 9, S. 2112–2114.
Kapustová, J., Oltus, E.: Nichttraditionelle Rohstoffe für die Papierherstellung. Papír a Celulóza, Praha **25** (1970) 9, S. 271–274.

Regeneratfaserstoffe

Berševic, A. I., Jaroščuk, E. G., Komm, A. G., Gorovic, T. F., Gavril'čik, Z. A., Malych, Z. N.: Einfluß von Spalten zwischen Rührer und Wandung von Sulfidierapparaten auf die Qualität der Viskose. Chim. Volokna (Chem. Fasern) (1970) 5, S. 70.
Cichowski, Z., Maciejewski, St., Skwarski, T.: Untersuchung der Sulfidierung von Alkalicellulose. Polimery, Warszawa **15** (1970) 7, S. 352–355.
Musatova, G. N., Mogilevskij, E. M., Ginzberg, M. A., Archangel'skij D. N.: Einfluß der Temperatur auf das Lösen des Cellulosexanthogenats. Chim. Volokna (Chem. Fasern) (1970) 5, S. 27–29.
Gajdukov, K. A., Beljatinskaja, L. S., Barabaš, L. M.: Methodik zur Bestimmung des Quellungsgrades und der Quellungsgleichmäßigkeit von frisch ersponnenen Fäden. Chim. Volokna (Chem. Fasern) (1970) 5, S. 71.
Lewandowski, St.: Produktion von Viskosefaserstoffen. Technik włókienn. (Textiltechn.) **19** (1970) 7, S. 194–198.

Synthetische Faserstoffe

Bischof, C., Kiesssig, R., Jahn, H.: Beiträge zur Synthese von ungesättigten Polyesterharzen. I. Einfluß von Katalysatorsystemen auf den Reaktionsverlauf bei der Synthese von ungesättigten Polyestern. Plaste u. Kautschuk **17** (1970) 11, S. 801–803.
Kurilenko, A. I., Nikulina, I. G., Širjaeva, G. V.: Einfluß der Temperatur auf die Adhäsion linearer Polymerer an orientierten polymeren Faserstoffen. Vysokomol. Soed. (Hochmol. Verbind.) Serie B: Kratkie Soob. (Kurzmitt.) **12** (9170) 10, S. 736–738.
Sebina, L. P., Usenko, V. A.: Einfluß der Thermostabilisierungsdauer auf die Eigenschaften von Lavsan-Hochbauschfäden. Chim. Volokna (Chem. Fasern) (1970) 5, S. 49–50.
Prochorov, O., Korzavin, L., Florinskij, F., Frenkel', S.: Herstellung von Polyimidfaserstoff in einem organischen Fällbad. Chim. Volokna (Chem. Fasern) (1970) 5, S. 73.
Junickij, V. P., Pakšver, E. A., Sokolova, A. P.: Erspinnen von Polyacrylnitrilfaserstoff aus der Lösung durch eine Luftzwischenschicht. Chim. Volokna (Chem. Fasern) (1970) 5, S. 11–15.
Serkova, L. A., Serkov, A. T., Klimenkov, V. S.: Erspinnen von Polyacrylnitrilfaserstoff in Gegenwart von Tensiden. Chim. Volokna (Chem. Fasern) (1970) 5, S. 15–17.
Beck, T.: Entwicklung der Fertigung von synthetischen Folienbändern. Magyar Textiltechn. **22** (1970) 9, S. 457–460.

Künstliche mineralische Faserstoffe

Glasfaserstoff: Besserer Reifencord von PPG. Chem. engng. News **48** (1970) 35, S. 11.
Martin Clasing, W.: Faserverstärkte Werkstoffe. Teil 1: Theorie, Entwicklungsstand und Tendenzen der Faserherstellung. Teil 2: Anwendungen. VDI-Z. **112** (1970) 19, S. 1333–1335; 20, S. 1390–1392.
Hawthorne, H. M., Baker, C., Bentall, R. H., Linger, K. R.: Graphitfaserstoffe aus Pech. mit hoher Festigkeit und hohem Modul Nature, London **227** (1970) 5261, S. 946–947.
Koricina, M. V., Kucharskaja, E. V., Skorik, Ju. I.: Pfropfung von Polydimethylsiloxan-Makromolekülen auf die Oberfläche von Glasfaserstoff nach dem Verfahren des Thermostoß. Ž. prikl. Chimii (Z. angew. Chemie) **43** (1970) 9, S. 2085–2088.

Ausgangsstoffe. Schaumstoffe. Kautschuk

Grünsteidl, W.: Die neuen Verstärkungsmaterialien für Kunststoffe. Kunststoffe **60** (1970) 9, S. 623–629.

III. Fäden-Herstellungstechnologien

Spinnerei. Zwirnerei

Conroux, J.-J.: Tendenzen und Zukunft der Baumwollspinnerei. Ind. textile, Paris (1970) 994, S. 601–604.
Fuchs, H.: Ringe und Läufer in der Spinnerei und Zwirnerei. Internat. Textil-Bull., Zürich, Weltausgabe Spinnerei (1970) 3, S. 261–262, 265–266, 269–270, 273–274, 277–278, 281.

Spinnereivorbereitung

Wirth, W.: Misch- und Reinigungsverfahren in der Dreizylinderspinnerei. Textil-Praxis **25** (1970) 10, S. 587–590.
Mohr, W.: Die Kunst des Spinnens liegt im Mischen. Chemiefasern **20** (1970) 11, S. 956–962.
Müller, K. H.: Ganzstahlgarnitur auf Walzenkrempeln. Textil-Praxis **25** (1970) 9, S. 520–523; 10, S. 583–586.

Erzeugnisse der Spinnerei und Zwirnerei

Hradecká, J., Turek, K., Maixner, V.: Beitrag zur Problematik der Faserhaftung. Textil, Praha **25** (1970) 10, S. 327–330.
Hansen, H.: Mischgarne aus Diolen/Leinen. Textilindustrie, Mönchengladbach **72** (1970) 10, S. 769–772.
Käschel, R.: Herstellung von Garnen aus Chemiefasern nach einem vereinheitlichten Spinnverfahren. Dt. Textiltechnik **20** (1970) 11, S. 694–703.

Spinnerei

Kirschner, E., Kleinhansl, E.: Die spindellose Turbinenspinnmaschine BD 200. Textil-Praxis **25** (1970) 10, S. 599–605.
Pešev, Ch., Dončev, D., Količkov, M., Caneva, C.: Reduzierung der Passagen beim französischen System der Kammgarnspinnerei. Tekstil, Prom., Sofija (Textil-Ind.) **19** (1970) 6/7, S. 36–41.
Hiramatsu, T.: Analytische Untersuchung des Streck-Reißverfahrens. J. Textile Mach. Soc. Japan **15** (1969) 6, S. 201–213.

Texturfäden

Referate zum Thema „Texturierte Garne". Chemiefasern **20** (1970) 11, S. 977–978.
Dürr, E. A.: Texturierung synthetischer Garne. Galaxia, Buenos Aires (1970) 32, S. 45–51.

IV. Flächengebilde-Herstellungstechnologien

Whitaley, G. E.: Entwicklungen in der Technologie der Bandwarenerzeugung. Band- u. Flechtind. (1970) 2, S. 44–46, 48, 50, 75 (dt., engl. u. franz.).

Materialvorbereitung

Grundner, W.: Elektronische Garnreinigung im Rahmen des Uster/Classimat-Systems. Textilindustrie, Mönchengladbach **72** (1970) 10, S. 772 bis 780.
Anpassung des Uniconer-Spulautomaten an die neuen Anforderungen. Ind. textile, Paris (1970) 993, S. 559–560.

Weberei

Pilisi, J.: Wovon wird die Zukunft der Weberei gestaltet werden? Ind. textile, Paris (1970) 994, S. 616–619.
Forrer, F.: Webmaschinen von heute und morgen. Ind. textile, Paris (1970) 994, S. 613–616.
Huber, G.: Die Leistungsabrechnung in der Bandweberei im Zusammenhang mit der Betriebsabrechnung. Band- u. Flechtind. (1970) 3, S. 110–114, 116 (dt., engl. u. franz.).
Kostenersparnisse bei der Herstellung von Webbändern. Band- u. Flechtind. (1970) 3, S. 86, 88, 90 (dt., engl. u. franz.).
Džiranov, K., Popov Z.: Energiebilanz der automatischen Webmaschine. Tekstil. Prom., Sofija (Textil-Ind.) **19** (1970) 6/7, S. 41–43.
Talarášek, O.: Optimale Webstuhleinstellung. Textil, Praha **25** (1970) 10, S. 339–340.

Weberei-Technologie

Nedkova, M.: Bestimmung und Analyse der Stillstandszeiten wegen des Zusammenfallens in der Weberei. Tekstil. Prom., Sofija (Textil-Ind.) **19** (1970) 6/7, S. 28–36.
Zuzański, F.: Möglichkeiten eines Einsatzes von Greiferwebmaschinen in der Wollindustrie. Technik włókienn. (Textiltechn.) **19** (1970) 7, S. 204–211.
Rozanov, E. M.: Betriebserfahrungen mit den in der Sowjetunion hergestellten neuartigen Webmaschinen (SZTB-Luftstrom-Greiferschützen). Magyar Textiltechn. **22** (1970) 9, S. 461–463.

Erzeugnisse der Weberei

Mara, E. J.: Beschichtete Textilien finden außergewöhnliche Verwendungszwecke. Mod. Textiles Mag. **51** (1970) 6, S. 12–14.

Wirkerei und Strickerei. Konfektionstechnik. Sonstige Technologien

Ceglarska, L.: Verkürzte Prozesse zur Vorbereitung von Texturgarn zum Wirken und Stricken. Technik włókienn. (Textiltechn.) **19** (1970) 7, S. 212–217.
Stajniak, K.: Struktur und Verfahren zur Herstellung von wenig dehnbaren, fülligen Gewirken und Gestricken für Bekleidung. Technik włókienn. (Textiltechn.) **19** (1970) 6, S. 177–181; 7, S. 217–222.

Wirkerei- und Strickerei-Technologie

Aisaka, N., Kawakami, T., Shindo, T.: Die Fadenspannung beim Stricken. J. Textile Mach. Soc. Japan **15** (1969) 6, S. 228–233.
Es gibt kein solches Geschäft wie das Hemdengeschäft. Du Pont Mag. **64** (1970) 4, S. 24–27.
Einlagestoff von Nittobo beansprucht, von besserer Leistung zu sein. Japan Textile News (1970) 183, S. 44.

Sonstige Technologien

Wallner, E.: Litzenherstellung in der Seilerei. Band- u. Flechtind. (1970) 3, S. 94, 99–102, 104, 106, 109 (dt., engl. u. franz.).

Textilverbundstoffe

Šádek, V., Domas, J.: Papierfilze nach der Tufting-Technik. Textil, Praha **25** (1970) 10, S. 341–342, 359.

V. Textilveredlung

Lennox-Kerr, P.: Färben und Ausrüsten mit Lösungsmitteln. Textile Ind. **134** (1970) 3, S. 150, 154, 156, 159, 161, 163, 164, 165, 166.

Farbstoffe. Textilhilfsmittel

Souther, G. P.: Textilveredlung mit chlorierten Lösungsmitteln. Amer. Dyestuff Rep. **59** (1970) 1, S. 23–27.
Kunčev, E., Arsov, A.: Eigenschaften und Anwendung des Präparats Verappret AN. Tekstil. Prom., Sofija (Textil-Ind.) **19** (1970) 6/7, S. 44–47.
Meiser, G.: Konfektionierte Detachiermittel für die Textilreinigung. Textilreinigung **17** (1970) 11, S. 332–334.
Wondrak, W.: Beiträge zur Kenntnis der Waschmittel und Reinigungsverstärker. Textilreinigung **17** (1970) 9, S. 261–265; 10, S. 297–303; 11, S. 328–332.

Bleicherei. Sonstige Vorbehnadlungsarbeiten der Textilveredlung

Bloching, H.: Was sind Weißtöner? Reiniger + Wäscher **23** (1970) 10, S. 25–26.

Färberei

Zabotina, E. A., Golomb, L. M.: Küpenfarbstoffe und ihre Migration während der Zwischentrocknung der Gewebe. Ž. prikl. Chimii (Z. angew. Chemie) **43** (1970) 8, S. 1798–1802.
Haffar, O. A., Ossorio, A., Paré, L. J.: Färben von Acrylfaserstoffen. Galaxia, Buenos Aires (1970) 32, S. 2–10.
ICI/Polychromatisches Färben. Amer. Dyestuff Rep. **59** (1970) 1, S. 56.
Temin, S. C., Park, Ch. H.: Das Färben kunstharzbehandelter Wolle. Textile Res. J. **40** (1970) 5, S. 451–454.
Dehler, H. G., Ernst, E.: Färben von Mischgeweben aus PES/Zellwolle nach dem Thermosolverfahren. Textil-Praxis **25** (1970) 10, S. 625–631.

Druckerei

Das Druckverfahren mit der Rotationsfilmdruckmaschine. Ind. textile, Paris (1970) 994, S. 633–635.
Zysman, J.: Die Schwefelfarbstoffe in der Druckerei. Ind. textile, Paris (1970) 994, S. 625–628.

Ausrüstung. Trocknung

Honour, R. C.: Lösungsmittelausrüstung von Maschenware. Amer. Dyestuff Rep. **59** (1970) 1, S. 34, 70.
Bonkáló, T.: Bericht über Ausrüstungs-Einrichtungen, vorgeführt auf der INGLEMAS 70. Magyar Textiltechn. **22** (1970) 10, S. 539–547.
Rowland, S. P., Roberts, E. J., Stark, S. M.: Die Netzwerkbildung in Baumwollcellulose, die mit Tris(1-Aziridinyl)phosphinoxid modifiziert ist. Textile Res. J. **40** (1970) 5, S. 405–410.
Labhard, L. A., Morris, M. A.: Die Entfernung synthetischen Hautfetts von knitterfest ausgerüsteten Geweben. Textile Res. J. **40** (1970) 5, S. 445–447.
Posten, D. J.: Textile Flächengebilde aus Dynel für wärmegeformte Applikationen. Amer. Dyestuff Rep. **59** (1970) 1, S. 40, 42–44, 47, 48, 71.
Glaß, H.: Ausrüsten von Polyacrylnitril/Woll- und Polyester/Woll-Mischgeweben. Dt. Textiltechnik **20** (1970) 10, S. 641–645.
Schnell, W.: Trocknungstechnik. VDI-Z. **112** (1970) 19, S. 1308–1315.

Wäscherei. Chemische Reinigung

Wolter, W.: Komplexe sozialistische Rationalisierung im VEB Purotex Dresden. Textilreinigung **17** (1970) 9, S. 266–268; 10, S. 293–297.
Tárnoky, F.: Waschversuche an Mischgeweben aus Leinen und Chemiefasern. Magyar Textiltechn. **22** (1970) 10, S. 548–557.
Gänssle, A.: Neue Sprühverfahren in der Chemischreinigung – Möglichkeiten der Leistungssteigerung. Chemischreiniger/Wäscher/Färber-Ztg. **69** (1970) 9, S. 474–488.
Fechner, J.: Waschen, Trocknen und Finishbehandlung von Pflegeleicht-Textilien. Reiniger + Wäscher **23** (1970) 10, S. 44–46.
Fertsch-Röver, G.: Automatische Teppichreinigungsanlagen. Reiniger + Wäscher **23** (1970) 11, S. 34.

VI. Werkstoffprüfung. Meß- und Prüftechnik. Standardisierung

Greuel, M., Hadwich, F., Henning, H.-J.: Neuere Ergebnisse über Streuungen bei Kernbohrproben aus gewaschener Wolle. Textil-Praxis **25** (1970) 10, S. 619–620.

Eigenschaften und Fehler der Textilmaterialien u. a.

Das Ausmaß der Bildung von Nissen in einheitlichen Baumwollen. III. Teil. Invest. Inform. textil, Barcelona **13** (1970) 2, S. 197–207.
Haas, H.: Auswirkungen der Garnnummer auf die Deckkraft des Fadens und das Gewicht des Polmaterials im Teppichrücken. Chemiefasern **20** (1970) 11, S. 969–977.
Fröhlich, H. G.: Orientierende Versuche über die Beeinflussung der Farbechtheiten von TREVIRA, TREVIRA/Wolle und Wolle durch Präparationen. Textilindustrie, Mönchengladbach **72** (1970) 10, S. 793–798.
Wecławowicz, M.: Einfluß hoher Temperatureinwirkung auf die physikalischen und chemischen Eigenschaften von Natur-Proteinfaserstoffen mit unterschiedlicher Struktur. Technik włókienn. (Textiltechn.) **19** (1970) 7, S. 199–203.
Buck, G. S.: Entflammbarkeit wie sie ist – Technologie, Wirtschaftlichkeit und Politik der textilen Feuerbeständigkeit. Teil II. Wirtschaftlichkeit der textilen Feuerbeständigkeit. Mod. Textiles Mag. **51** (1970) 6, S. 45–47.
Tesoro, G. C., Meiser, Ch. H., jr.: Einige Einflüsse chemischer Verbindungen auf das Entflammbarkeitsverhalten von Textilien. Textile Res. J. **40** (1970) 5, S. 430–436.
Thibius, K., Schlimper, R., Kestner, E.: Beiträge zur Stabilität des Makromoleküls. XXV. Einige Beobachtungen zur Methodik der Bestimmung der Thermostabilität von Polyvinylchlorid mit Hilfe der elektrischen Leitfähigkeit. Plaste u. Kautschuk **17** (1970) 11, S. 804–810.
Barella, A., Viaplana, A.: Garn-Haarigkeit: Ein Überblick über die jüngere Literatur und Beschreibung eines neuen Gerätes zur Messung der Garn-Haarigkeit. J. Textile Inst. **61** (1970) 9, S. 438–447.
Nordon, P., Bainbridge, N. W., Madden, J. J.: Der Einfluß des Dämpfens auf die Längsstabilität von Wollgarn. J. Textile Inst. **61** (1970) 9, S. 417–427.
Køpke, V.: Die Korrelation zwischen den Gewebe-Eigenschaften nach langsamem Trocknen und der Biegeerholung im nassen Zustand. J. Textile Inst. **61** (1970) 9, S. 458–461.
Semenova, A. S., Vasil'eva-Sokolova, E. A., Michajlov, N. V., Kudrjavcev, G. I.: Abhängigkeit der physikalisch-mechanischen Eigenschaften von Kapronfaserstoff von dem Orientierungsgrad und von der Vernetzung. Chim. Volokna (Chem. Fasern) (1970) 5, S. 24–26.

Meß- und Prüftechnik

Lynn, E. J.: Oxydationsmittel/Alkali-Monitor von FMC und Uster eingeführt. Amer. Dyestuff Rep. **59** (1970) 1, S. 36, 38, 39.
DeGiacomo, R. J.: Neuer berührungsfreier Dickenmesser. Mod. Textiles Mag. **51** (1970) 6, S. 51–52.
Mahall, K.: Mikroskopische Untersuchung textiler Reklamations- und Schadensfälle. Textil-Praxis **25** (1970) 10, S. 608–613.
Vogel, U.: Der Accelerotor – ein universelles Prüfgerät zur Bestimmung der Oberflächenbeständigkeit von textilen Flächengebilden für Bekleidung (III). Bekleid. u. Maschenware **9** (1970) 5, S. 203–206.
Takeda, H.: Faserbruch bei Spinnvorgängen. Teil 1. Statistische Analyse des Reißvorganges. J. Textile Mach. Soc. Japan **15** (1969) 6, S. 214–222.
Langer, H.: Verschiedene Möglichkeiten der Auswertung von Faserlängenmessungen. Dt. Textiltechnik **20** (1970) 10, S. 645–649.
Fonseca, G. F.: Der Einfluß der Biegsamkeit von Gewebesystemen auf die Verschlußwirkung in einem Luftstrom. Textile Res. J. **40** (1970) 5, S. 482–483.
Kravcenko, V.: Dynamische Meßfehler beim Zugversuch an einer kleinen Prüfmaschine des Pendeltyps. Materialprüfung **12** (1970) 10, S. 341–347.
Salzer, F., Geldermann, H.: Eine Methode zur schnellen coulometrischen Bestimmung von Wasser in Kunststoffen. Kunststoffe **60** (1970) 9, S. 668–674.
Belin, R. E.: Ein Strömungs-Garnbruchprüfer. J. Textile Inst. **61** (1970) 9, S. 463–464.
Schröter, U.: Theoretische Betrachtungen zur Verwendung der Prüfmerkmale Kontraktion und Einkräuselung bei Stauchtextur-Feinseiden. Dt. Textiltechnik **20** (1970) 11, S. 720–721.
Winkler, F., Schmidt, F.: Zusammenhänge zwischen natürlicher und künstlicher Belichtung von Syntheseseiden. Dt. Textiltechnik **20** (1970) 11, S. 722–725.
Cerný, J.: Methoden der Berechnung der Größe der Grenzungleichmäßigkeit der Spinnereiprodukte. Textil, Praha **25** (1970) 10, S. 321–326.

Standardisierung. Terminologie

Różycki, A.: Neue Prinzipien für die Bestimmung der Garnstruktur. Technik włókienn. (Textiltechn.) **19** (1970) 6, S. 166–169.
Flammbarkeits-Standard für Teppiche wird am 16. April 1971 wirksam. Mod. Textiles Mag. **51** (1970) 6, S. 38, 41.
Müller, D., Orantek, W.: Einheitliche Bezeichnung der Fehlerarten in Gewirken und Gestricken. Dt. Textiltechnik **20** (1970) 11, S. 703–706.

VII. Betriebstechnik. Ökonomie. Tagungsberichte und dgl.. Sonderfragen

Betriebstechnik

Perner, H.: Computer und ihre Anwendung in der Textilindustrie. Dt. Textiltechnik **20** (9170) 11, S. 681–688.
Gilbert, A.: Verwendung des Computers für „time-sharing". Textile Ind. **134** (1970) 3, S. 81–84.
Schmidt, P.: Gesundheitsgefahren durch organische Lösungsmittel in der Textilreinigung. Textilreinigung **17** (1970) 9, S. 308–310.
Drobyšev, Ju. P., Nigmatullin, R. S., Lobanov, V. I., Korobejničeva, I. K., Bočkarev, V. S., Koptjug, V. A.: Anwendung von EDV-Maschinen für die Identifizierung chemischer Verbindungen auf Grund ihrer spektroskopischen Kriterien. Vestnik Akad. Nauk SSSR, Moskva (Mitt. Akad. Wiss. UdSSR) **40** (1970) 8, S. 75–83.
Fajtel'son, L. A., Ciprin, M. G., Prieditis, D. B.: Periodische Verformung der Polyäthylenschmelze im rohrförmigen Extruderkopf. Plast. Massy, Moskva (Plast. Massen) (1970) 9, S. 38–41.
Götz, R.: Neuartiger Reaktor für die Lösungspolymerisation. Chem. Technik **22** (1970) 11, S. 645–647.
Fedor, W. S.: Betriebsforschung für Prognostizierung in der Textilindustrie. Textile Ind. **134** (1970) 3, S. 85–90.
Mirčev, M., Maksimov, S., Deceva, M., Čaneva, S.: Der Betriebslärm in der Textilindustrie. Tekstil Prom., Sofija (Textil-Ind.) **19** (1970) 6/7, S. 7–11.
Rozelle, W. N.: Werden die Betriebe die Überwachung kaufen? Textile Ind. **134** (1970) 3, S. 67–79.
Hentschel, H.-J.: Güteanforderung an Innenraumbeleuchtungen und ihre Realisierung. VDI-Z. **112** (1970) 19, S. 1277–1280.

Ökonomie

Čaparova, E.: Mathematisches Modell der Produktionskonzentrierung in der Textilindustrie. Tekstil. Prom., Sofija (Textil-Ind.) **19** (1970) 6/7, S. 3–6.
Mills, W.: Handelsgesetzentwurf kündigt das Ende des ASP (American Selling Price)-Systems an. Chem. engng. News **48** (1970) 35, S. 22.
Wagner, H.: Die Bedeutung der Investition in der deutschen chemischen Industrie in den 70er Jahren. Chem. Ztg./Chem. Apparatur **94** (1970) 18, S. 655–664.

Sonderfragen

Gol'dberg, V. I.: Fragen der Optimierung der Planung von Forschungsarbeiten und der Erhöhung der Effektivität der Wissenschaft in der gegenwärtigen Entwicklungsstufe. Plast. Massy, Moskva (Plast. Massen) (1970) 9, S. 3–6.
Ewell, R.: Die USA werden in bezug auf Rohstoffe hinter der Sowjetunion zurückbleiben. Chem. engng. News **48** (1970) 35, S. 42–46.
Roder, P.: Der Ingenieur-Designer. Studium und Aufgaben des Textilgestalters. Textilindustrie, Mönchengladbach **72** (1970) 10, S. 781–782.
Miščenko, G. L., Pappé, I. Ja., Ševjakova, L. A., Štejn, V. S.: Automatisiertes Informationssystem im Bereich der Chemie. Vestnik Akad. Nauk SSSR, Moskva (Mitt. Akad. Wiss. UdSSR) **40** (1970) 8, S. 72–74.
Michajlov, A. I.: Dringende Aufgaben der Deckung des Informationsbedarfs der Chemiker. Vestnik Akad. Nauk SSSR, Moskva (Mitt. Akad. Wiss. UdSSR) **40** (1970) 8, S. 66–71.
Das sicherste Schiff auf dem Meer. Du Pont Mag. **64** (1970) 4, S. 16–20
Die Brücke, die versuchte, sich selbst zu zerstören. Du Pont Mag. **64** (1970) 4, S. 1.

FSC
www.fsc.org
MIX
Papier | Fördert gute Waldnutzung
FSC® C083411

Zeitfracht Medien GmbH
Ferdinand-Jühlke-Straße 7
99095 Erfurt, Deutschland
produktsicherheit@kolibri360.de